Die graphischen Verfahren
zur Ermittelung der Querschnittsflächen,
der Grunderwerbs- und Böschungsbreiten
von Bahn- und Straßenkörpern

Von

Dr.-Ing. Felix v. Glaßer

Mit 115 Abbildungen im Text und auf einer Tafel

Springer-Verlag Berlin Heidelberg GmbH 1914

ISBN 978-3-662-24118-9   ISBN 978-3-662-26230-6 (eBook)
DOI 10.1007/978-3-662-26230-6

Vorwort.

Für alle Ingenieure, die sich in staatlichen und privaten Verwaltungen mit den technischen Vorarbeiten für den Bau von Bahnen, Straßen und Schiffahrtskanälen zu befassen haben, bedarf es wohl kaum eines Hinweises auf die Vorteile der graphischen Verfahren, welche zu einer schnellen und zweckmäßigen Ermittelung der Erdmassen von Einschnitten und Dämmen führen.

In vorliegender Schrift sind alle die graphischen Berechnungsweisen zusammengestellt, die ohne Anwendung von Instrumenten und ohne besondere Übung in Benutzung genommen werden können.

Auch den Studierenden der Bauingenieurwissenschaften dürfte diese Schrift in den Erdbauübungen gute Dienste leisten.

Charlottenburg, im Juni 1914.

F. v. Glaßer.

Inhaltsverzeichnis.

Einleitung.

Der Bau einer Bahn oder Straße wird in der Regel am billigsten, wenn die Erdmassen im Abtrag und Auftrag sich ausgleichen. Es ist deshalb bei dem Entwurfe der Anlage einer Bahn oder Straße wünschenswert, daß ein möglichst guter Massenausgleich hergestellt wird. Dadurch kann eine Verlegung der Achse in horizontalem und vertikalem Sinne erforderlich werden, so daß die bezüglichen Erdinhaltsberechnungen wiederholt werden müssen. Je einfacher sich demnach die Erdmassen ermitteln lassen, desto rascher wird man verschiedene Linienführungen vergleichen können. Da sich die Massen aus den Querschnittsflächen und ihren Längenabständen ergeben, ist für eine schnelle Massenermittlung eine zweckmäßige Bestimmung der Querschnittsflächen erforderlich.

Sobald im Schichtenplane der Linienzug der Bahn oder Straße eingezeichnet ist, entwickelt man daraus den zugehörigen Längenschnitt und bestimmt die Querschnittsflächen, die zwischen Bahn- oder Straßenplanum und Gelände liegen. Dabei hat man zu berücksichtigen, welchem Zwecke die Querschnittsflächenbestimmung dienen soll. Entweder ist sie zur Herstellung von Einzelentwürfen erforderlich, oder sie bildet die Grundlage für allgemeine Entwürfe.

Für die Einzelentwürfe ist die Aufnahme von Querschnitten nötig, da diese die sicherste Berechnung der Erdmassen gewährleisten. Die Querschnittsflächen können dann in rechnerischer Weise, z. B. durch Zerlegung in Teilflächen oder mit Hilfe des Polarplanimeters ermittelt werden.

Für die allgemeinen Entwürfe ist diese Art der Berechnung zu zeitraubend, besonders wenn durch Umzeichnen der Linie eine neue Bestimmung der Auf- und Abtragsmassen notwendig werden sollte. Man vermeidet deshalb das Aufnehmen und Aufzeichnen der Querschnitte und ermittelt die Querschnittsflächen aus den Höhen des Längenschnittes und aus den Querneigungen des Geländes auf graphischem Wege mit Hilfe von besonderen Flächenmaßstäben.

Es ist bei den allgemeinen Entwürfen in Anbetracht der vielen möglichen Fehlerquellen nicht gerechtfertigt, den größten Wert auf eine recht genaue Querschnittsflächenbestimmung zu legen. Schon beim Aufzeichnen der Schichtenlinien im Lageplan sind Ungenauigkeiten unvermeidlich. Andere Fehlerquellen ergeben sich im Längenschnitte durch die geradlinige Verbindung der Höhenpunkte. Eine sehr große Unsicherheit besteht in der Feststellung des Auflockerungsverhältnisses bei Abträgen und des Sackungsverhältnisses bei Aufträgen. In den Einschnitten finden sich oft unvorhergesehene wertvolle Baumaterialien oder auch altes Mauerwerk, die nicht zur Bildung von Dämmen verwendet werden. Schwer zu überschätzen ist der Verlust bei der Förderung und beim Schütten der Erdmassen. Unvermeidliche Ungenauigkeiten entstehen ferner beim Aufzeichnen der Flächen- und Massenpläne u. a. m. Aus alledem läßt sich erkennen, daß die Querschnittsflächenbestimmung mit Hilfe von Flächenmaß- stäben reichlich genau ist.

Vorliegende Arbeit enthält nun die Verfahren, die zu einer zweckmäßigen und raschen Bestimmung der Querschnittsflächen mittels Flächenmaßstäben geeignet sind. Eine Anzahl der Ver- fahren enthalten Flächenmaßstäbe, die für Anschnittsquerschnitte oder gemischte Querschnitte die Flächenbestimmung ermöglichen. Auch für Einschnitt im Fels und darüber lagerndem Erdreich bei wechselnder Böschungsneigung innerhalb eines Querschnitts sind die Flächenbestimmungen mittels Flächenmaßstäben schnell und genau genug auszuführen.

Nur wenige der bisherigen Veröffentlichungen enthalten An- gaben über die Bestimmung der Geländeneigungen, die für die Quer- schnittsberechnung mittels Flächenmaßstabes erforderlich sind. Wie außerordentlich einfach und schnell diese Neigungsbestim- mung möglich ist, zeigen die im ersten Kapitel beschriebenen Ver- fahren 2a und 2b. Es handelt sich hier um die Geländeneigungen in den jeweiligen Teilpunkten winkelrecht zur gewählten Linien- führung. Dabei ist die Annahme gemacht, daß innerhalb eines Querschnittes entweder eine einheitliche mittlere Querneigung oder je eine mittlere links und rechts der Bahn- oder Straßenachse

in die Rechnung einbezogen ist, was mit Rücksicht auf die Uneben-
heiten der Bodengestaltung, die sich zum großen Teil ausgleichen
werden, gerechtfertigt ist. Die Neigung kann unmittelbar als
Strecke erhalten und, ohne sie erst in Zahlen umzusetzen, zur
weiteren Querschnittsbestimmung benutzt werden.

Im zweiten Kapitel sind die Flächenbestimmungen mittels
Flächenmaßstäben behandelt. Die Vorteile der einzelnen Verfahren werden dabei hervorgehoben. Eine Anzahl der Verfahren
gestaltet sich ergiebig, es lassen sich mit ihnen die Querschnitts-
flächenbestimmungen sowohl für eine einheitlich durchgehende
Querneigungslinie als auch für eine in der Bahnachse gebrochene
Geländelinie durchführen. Ferner ergeben sich ohne große Mühe
die für die Gesamtkostenberechnung wichtigen Grunderwerbsbreiten und Böschungsbreiten. Auch für Anschnittsquerschnitte
sowohl mit gerader als gebrochener Geländelinie sind sie bequem
zu verwenden. Ein einfaches Verfahren, das sich besonders für
die Anschnittsflächen mit gleichzeitiger Ermittlung der Böschungs-
und Grunderwerbsbreiten eignet, gibt Herr Geheimrat Prof.
Dr.-Ing. Dolezalek in seinen Vorträgen über Erdbau an der
Technischen Hochschule Berlin bekannt.

Der vom Verfasser angeführte Flächenmaßstab gewährt
ohne Anwendung von Strahlenbüscheln für die verschiedenen
Querneigungen des Geländes vor allen anderen Maßstäben den
Vorteil, für jede Geländeneigung, also ohne Interpolation, die
Flächen, Grunderwerbsbreiten und Böschungsbreiten mit einer
für die verschiedenen Querneigungen gleichen Genauigkeit
ablesen zu können.

Die Arbeiten von Professor Göring, Ingenieur Coulmas,
Ingenieur Puller, Professor Allitsch und Professor Schönhöfer sind hier mit einzelnen Erweiterungen aufgenommen;
auf die Vorteile ihrer Verfahren ist in den bezüglichen Abschnitten
hingewiesen.

Die mit Hilfe der Flächenmaßstäbe gefundenen Querschnittsflächen werden als Ordinaten in dem Flächenplane eingetragen, dessen Flächen dann den Rauminhalt der zu be-
wegenden Erdmassen darstellen. Der Flächenplan bildet weiterhin die Grundlage zu dem Massen- oder Verteilungsplan.

I. Ermittelung der Geländeneigungen.

Die Querschnittsfläche eines Bahn- oder Straßenkörpers wird umschlossen von der Geländeneigungslinie, den Böschungslinien und der Planumslinie (Abb. 1). Böschungslinien und Planumslinie sind

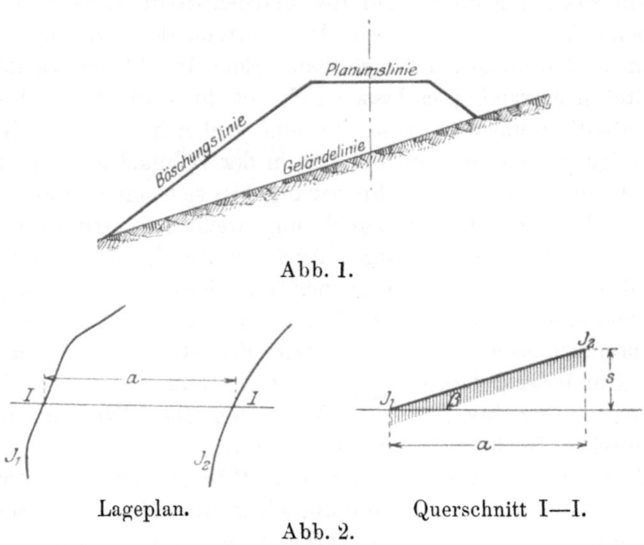

Abb. 1.

Lageplan.   Querschnitt I—I.

Abb. 2.

in ihrer Richtung und Lage gegeben, die veränderliche Geländeneigungslinie jedoch nicht. Da diese zur Flächenbestimmung des Querschnittes erforderlich ist, wird man zunächst an die Feststellung der Geländeneigungen in den jeweiligen Teilpunkten winkelrecht zur Bahn- oder Straßenachse gehen.

Vorgelegt sei ein Lageplan mit den Höhenschichtenlinien oder Isohypsen $J_1, J_2 \ldots$ (Abb. 2).

Bedeutet
a den horizontalen Abstand zweier Schichtenlinien oder Isohypsen
$\quad J_1, J_2,$
s die Schichtenhöhe,
β den Neigungswinkel,
so gilt für die Neigung des Geländes im Querschnitt I — I:

$$n = \operatorname{tg} \beta = \frac{s}{a}.$$

Den Tangens des Winkels, kurz Neigung genannt, entnimmt man aus dem Lageplan, ohne erst die Querschnitte aufzuzeichnen, entweder mit Hilfe der unter 1. und 2. (S. 5 bis 11) beschriebenen Böschungsmaßstäbe oder mit Hilfe von Längsschnitten, wie dies unter 3. (S. 12) angegeben ist.

1. Allgemeiner Böschungsmaßstab.

Man zeichnet für verschiedene Querneigungen n das Strahlenbüschel und zieht im Abstande der Schichtenhöhe s eine Parallele

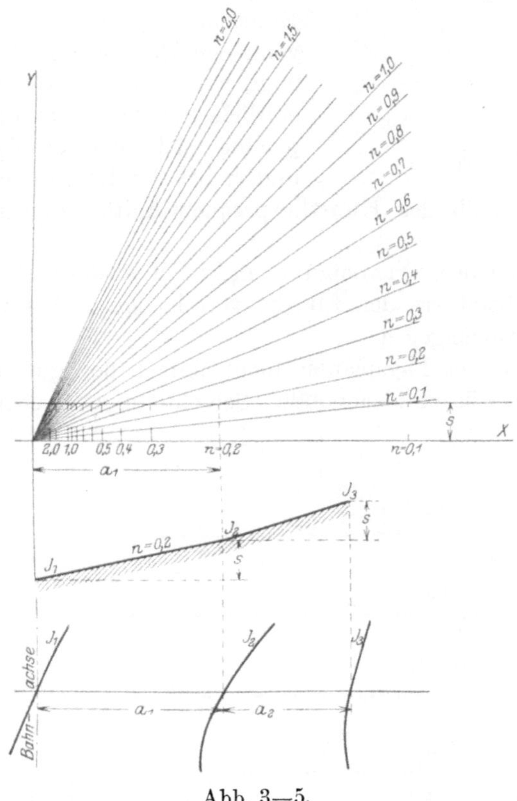

Abb. 3—5.

zur X-Achse (Abb. 3). Lotet man die Schnittpunkte der Neigungsstrahlen mit der Parallelen auf die X-Achse herab und benennt man die Teilpunkte mit dem Tangens des betreffenden Neigungswinkels oder schreibt die Neigung in Prozenten an, so kann man bei gegebener Schichtenhöhe s aus dem Abstand der Schichtenlinien die Neigung auf der X-Achse entnehmen.

Stellt die Geländeneigungslinie eine gebrochene Linie dar, d. h. wechselt die Querneigung innerhalb des Kunstkörperquerschnitts, so ist für mehrere Schichtenlinienabstände a_1, a_2 usw. die Neigung zu ermitteln.

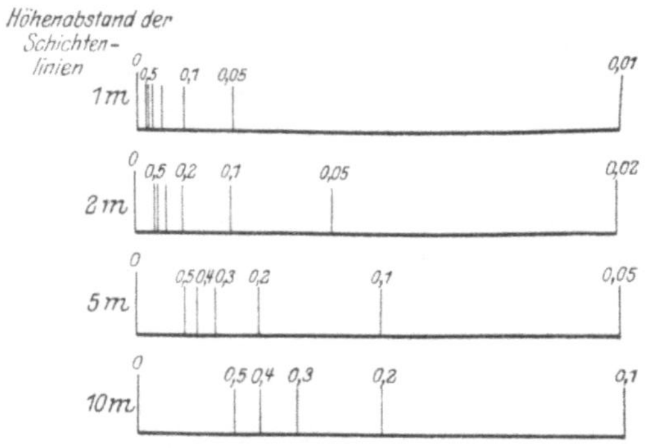

Bei der Berechnung von Querschnittsflächen mittels der Flächenmaßstäbe, die, wie bereits in der Einleitung gesagt ist, für die allgemeinen Entwürfe in Frage kommen, wird man entweder eine einheitliche mittlere Querneigung oder je eine mittlere Querneigung links und rechts der Bahn- oder Straßenachse innerhalb des Kunstkörperquerschnitts zugrunde legen (Abb. 6).

Abb. 6.

Diese mittlere Querneigung ergibt sich alsdann als das arithmetische Mittel aus den für die verschiedenen Abstände a gefundenen Neigungen n.

Da auf den Lageplänen nicht immer der gleiche Höhenabstand für alle zu zeichnenden Schichtenlinien wegen der ver-

Abb. 7.   Böschungsmaßstäbe für Lagepläne 1 : 2000.

schiedenen Größenverhältnisse der Lagepläne zur Natur und wegen der Vielgestaltigkeit der Erdoberfläche eingetragen ist, so schlägt Wagner (s. Literatur) vor, vier verschiedene Maßstäbe entsprechend den Höhenabständen 1 zu 1 m, 2 zu 2 m, 5 zu 5 m und 10 zu 10 m im betreffenden Maßstabe des Lageplanes aufzuzeichnen (Abb. 7). Damit Verwechslungen vermieden werden, sind die Maßstäbe deutlich zu kennzeichnen. Die Arbeit des Übertragens der Geländeneigung aus dem Lageplane in den Längenschnitt soll von 2 Personen ausgeführt werden, eine liest im Lageplane die Neigungen in Prozenten oder als Tangenswerte ab, die andere schreibt die Zahlen in den Längenschnitt ein.

Die Benutzung der verschiedenen Maßstäbe wird jedoch trotz ihrer deutlichen Unterscheidung häufig zu Versehen Anlaß geben. Da auch die vorgenannten Böschungsmaßstäbe nur für einen bestimmten Höhenplanmaßstab benutzbar sind und die Herstellung der großen Anzahl Maßstäbe viel Mühe verursacht, wird man nach einfacheren Lösungen der Neigungsermittlungen suchen.

2. Böschungsmaßstäbe nach v. Glaßer.

a) Eine einfachere Lösung zur Bestimmung der Querneigungen aus dem Höhen- oder Schichtenplan stellt der nachfolgend beschriebene Böschungsmaßstab dar.

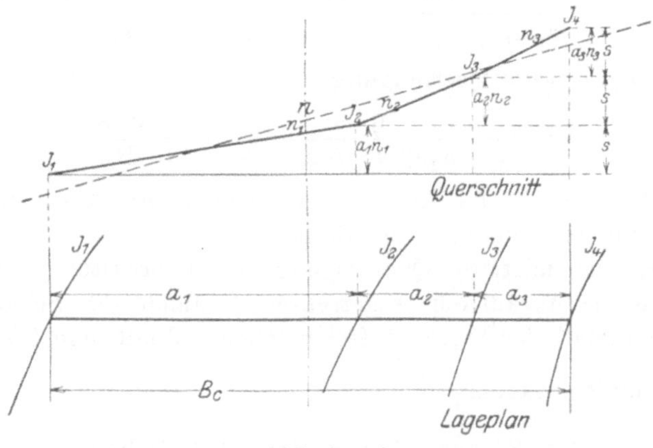

Abb. 8 u. 9.

Er hat den Vorteil einer leichten und raschen Anwendung, schließt Irrtümer fast aus, da nur ein einziger Maßstab für verschiedene Größenverhältnisse der Schichtenpläne zu benutzen ist, ferner gestaltet sich die Ablesung einfach und daher sicher, und schließlich kann die Neigung im Lageplane ohne Mühe als Strecke festgelegt werden, so daß ein Nachprüfen jederzeit leicht möglich ist.

B_c ist die für eine bestimmte Bahn- oder Straßenstrecke erforderliche größte Breite des Kunstkörpers,

s die Schichtenhöhe,

a_1, a_2, a_3 .... der wagerechte Abstand der Schichtenlinien oder Isohypsen $J_1 J_2$, $J_2 J_3$, $J_3 J_4$ (Abb. 8 und 9),

so folgt für eine einheitliche mittlere Querneigung innerhalb des Kunstkörperquerschnitts

$$n = \frac{a_1 n_1 + a_2 n_2 + a_3 n_3 + \ldots a_q n_q}{a_1 + a_2 + a_3 + \ldots a_q} \, .$$

Für die Schichtenlinien mit der Schichtenhöhe s bestehen die Beziehungen

$$
\begin{aligned}
a_1 \cdot n_1 &= s \\
a_2 \cdot n_2 &= s \\
a_3 \cdot n_3 &= s \\
\cdot \quad \cdot &\quad \cdot \\
\cdot \quad \cdot &\quad \cdot \\
a_q \cdot n_q &= s \\
\hline
\end{aligned}
$$

$$a_1 n_1 + a_2 n_2 + a_3 n_3 + \ldots = q \cdot s,$$

mithin die mittlere Querneigung

$$n = \frac{q \cdot s}{a_1 + a_2 + a_3 + \ldots + a_q} = \frac{q \cdot s}{B_c} \, ,$$

hierin bedeutet q die Anzahl der wagerechten Abstände der Schichtenlinien innerhalb der Breite B_c.

Um die mittlere Querneigung n zu erhalten, braucht man nur die Anzahl der wagerechten Abstände der Schichtenlinien innerhalb der Breite B_c festzustellen und mit dem Quotient $\frac{s}{B_c}$ zu multiplizieren.

Die Konstruktion des Maßstabes.

Man zeichnet auf Pauspapier die beiden Parallelen bb rechtwinklig zu einer Achse X in einer Entfernung voneinander gleich der Breite B_c, und zwar ist diese Breite B_c im Maßstab des Lageplanes aufzutragen. Dann schneidet man die Tangenswerte auf der X-Achse, am besten von der Mitte der Breite B_c aus, in

einem ganz beliebigen Maßstab ab (Abb. 10 und 11) und benennt
die Teilpunkte so, daß die Anzahl q der wagerechten Schichten-

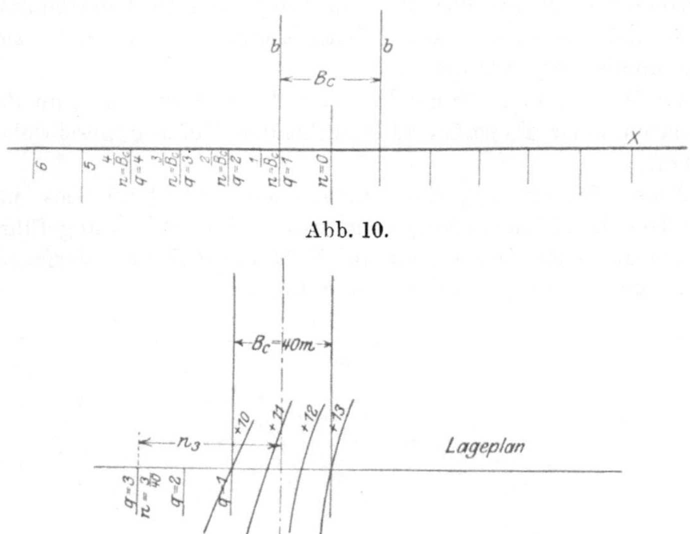

Abb. 10.

Abb. 11.
Anzahl der Schichtenlinienabstände innerhalb B_c: q = 3,

$$\text{daher Neigung: } n = n_3 = \frac{3}{B_c} = \frac{3}{40}.$$

linienabstände unmittelbar ablesbar ist. Legt man nun den Maßstab so auf den Lageplan, daß der Nullpunkt der Teilung in die
Bahn- oder Strecken-
achse fällt und die
X - Achse die Quer-
schnittslinie deckt,
so läßt sich nach Ab-
zählen der Schichten-
linienabstände und
ihrer Bruchteile in-
nerhalb der Breite B_c
die zugehörige Nei-
gung durch einen

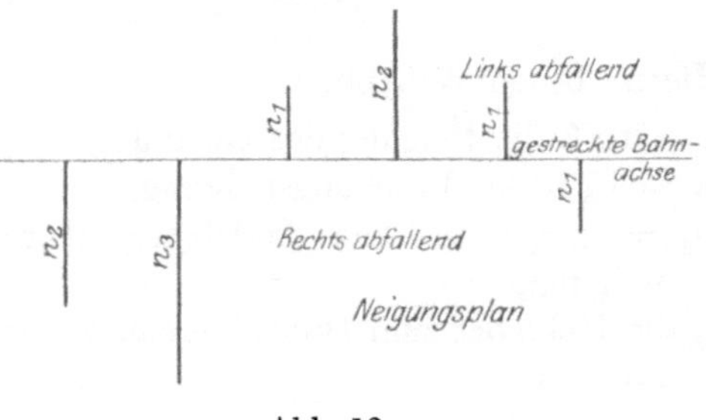

Abb. 12.

Zirkelstich im Schichtenplane festlegen oder unter dem Längenschnitte in einem besonderen Neigungsplane eintragen (Abb. 12).

b) Der λ-Maßstab. Die auf die vorstehende Weise gefundenen Tangenswerte n können nur zum Aufsuchen des zugehörigen Neigungsstrahles oder der Teilgeraden im Querschnittsflächenmaßstabe dienen, zur Flächenbestimmung lassen sie sich nicht unmittelbar verwenden.

Es ist erst dann möglich, wenn die n-Werte an eine den Ordinaten einer Hyperbel entsprechenden Teilung geschrieben werden.

Diese Bestimmung der Querneigung mit Hilfe des mit λ-Maßstab bezeichneten Neigungsmaßstabes ist hier angeführt, weil sie zu einem besonderen auf S. 71 angegebenen Verfahren der Querschnittsflächenbestimmung führt.

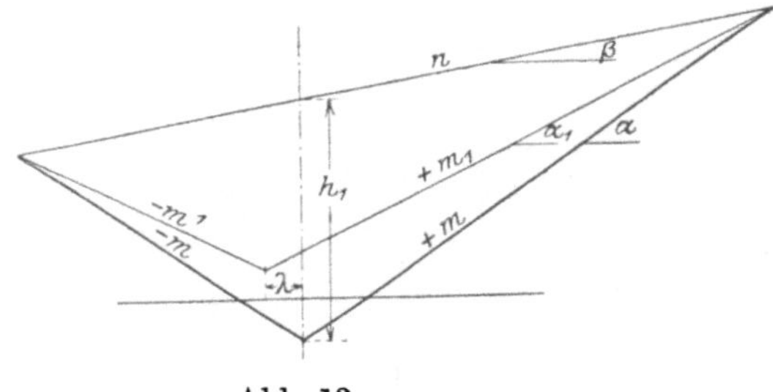

Abb. 13.

Die hyperbolische Teilung ergibt sich aus der Gleichung λ = f (n)

$$\lambda = \frac{n\left(1 - \dfrac{m}{m_1}\right)}{m^2 - n^2} \cdot h_1 .$$

Hierin bedeutet (Abb. 13):

n = tg β die Neigung des Geländes,

m = tg α die Böschungsneigung,

m_1 = tg α_1 < m eine beliebige, aber konstante Böschungsneigung,

h_1 die Höhe des zum Dreieck ergänzten Querschnittes des Kunstkörpers.

Die Ableitung der Gleichung und die Konstruktion der λ sind auf S. 56 und 62 angegeben.

Trägt man unter Benutzung von Pauspapier die λ im Maßstab der Höhen des Längenschnittes auf einer Geraden ab (Abb. 14),

und benennt man die Teilpunkte so, daß die Anzahl q der
wagerechten Schichtenlinienabstände unmittelbar ablesbar ist,
so hat man nur zur Ermittlung der Querneigung des Geländes
für irgend einen Querschnitt senkrecht zur Bahn- oder Straßenachse die Anzahl der wagerechten Schichtenlinienabstände innerhalb der Breite B_c abzulesen und das zugehörige λ durch einen
Zirkelstich im Lageplane festzulegen oder abzugreifen und in
den Längenschnitt einzutragen. Die Breite B_c ist im jeweiligen
Maßstab des Lageplanes einzuzeichnen.

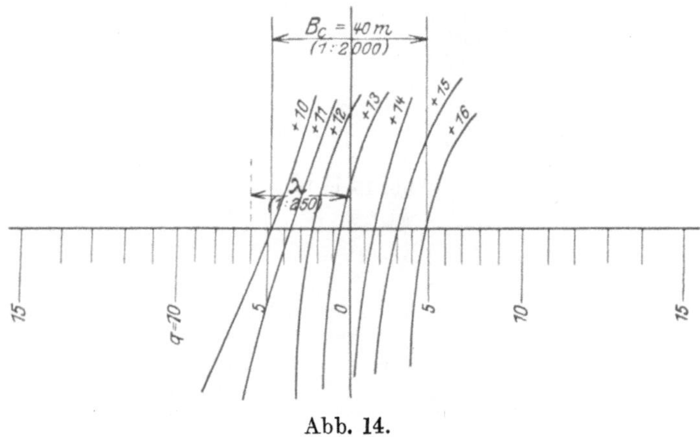

Abb. 14.

Die λ sind also unabhängig von dem Maßstabe des Lageplanes. Es kann daher derselbe λ-Maßstab für jeden beliebigen
Lageplan benutzt werden, falls nur die Breite B_c im Maßstab
des Lageplanes aufgetragen wird.

Wie unter 2 a) ist auch diese Bestimmung der Querneigungen
mittels des λ-Maßstabes recht schnell möglich. Da sich die Zahl
der wagerechten Abstände innerhalb der Breite B_c leicht und
sicher ablesen läßt, erhält man auch sichere Werte für die λ, die
im Maßstab der Höhen des Längenschnittes (1 : 250 oder 1 : 200),
also in einem verhältnismäßig großen Maßstabe abgreifbar sind
und zur weiteren unmittelbaren Verwendung sich eignen.

Ist die Geländelinie stark gebrochen, so läßt sich auch mit
Hilfe des gleichen λ-Maßstabes die mittlere Neigung sowohl links
als auch rechts der Bahnachse in der angeführten Weise bestimmen.

3. Verfahren mittels parallel laufender Längenschnitte nach Schönhöfer (s. Literatur).

Man legt außer dem Längenschnitte durch die Hauptachse der Bahn oder Straße, dem Hauptlängenschnitt, noch zwei

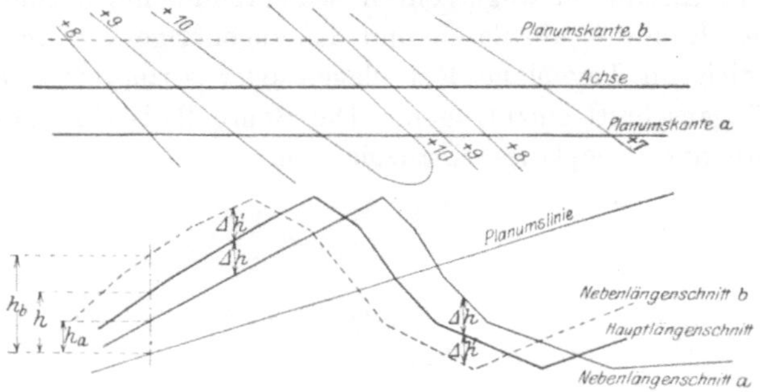

Abb. 15 u. 16.

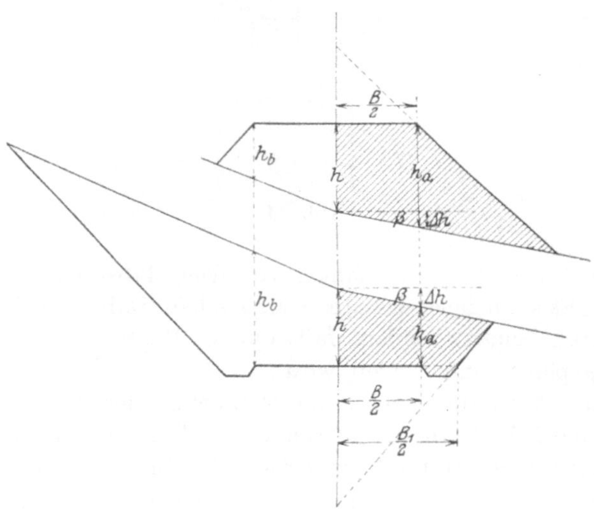

Abb. 17.

durch die Planumskanten, die Nebenlängenschnitte (Abb. 15 und 16).

Außer der Höhe h erhält man noch die Nebenhöhen h_a und h_b. Hierdurch wird in einem Querschnitte die Querneigungslinie nicht als gleichmäßig verlaufende Linie festgelegt, sondern sie wird durch eine einmalig in der Mitte gebrochene Linie dargestellt.

Bezeichnet man die Höhendifferenz $h_a - h$ bzw. $h - h_a$ mit Δh (Abb. 17), so ist Δh die Größe, die die Querneigung bestimmt.

$$\operatorname{tg}\beta = \mp \frac{\Delta h}{\dfrac{B}{2}}.$$

Diese Querneigungsbestimmung führt zu einem graphischen Verfahren der Flächenberechnung von Querschnitten, das auf S. 33 für reine Querschnitte und auf S. 86 für Anschnittsquerschnitte beschrieben ist.

II. Ermittelung der Querschnittsflächen für Einschnitt und Damm bei wagerechtem und geneigtem Gelände.

A. Verfahren für Querschnitte im Gelände mit Querneigung, die auf solche ohne Querneigung zurückgeführt werden.

1. Verfahren nach Coulmas (s. Literatur).

Es bezeichnet (Abb. 18):

B die Planumsbreite des Kunstkörpers,

B_1 die bis zur Einschnittsböschung verlängerte Planumsbreite B,

h die Höhe des Ab- oder Auftrages in der Achse der Bahn oder Straße gemessen,

t_0 den Abstand des Schnittpunktes der verlängerten Einschnittsböschungen von dem Planum,

h_0 den Abstand des Schnittpunktes der verlängerten Dammböschungen von dem Planum,

G den Inhalt eines Grabenquerschnitts,

F_d und F_e den Flächeninhalt des Querschnittes für Damm bzw. für Einschnitt,

F_1 den Flächeninhalt des zum Dreieck ergänzten Querschnittes,

F_0 die Fläche des Fehldreiecks, für Damm und Einschnitt verschieden,

n = tg β die Querneigung des Geländes,
m = tg α die Böschungsneigung des Kunstkörpers.

Es ist

$$\left.\begin{array}{l} F_d = F_1 - F_0^d = \dfrac{1}{m\left(1 - \dfrac{n^2}{m^2}\right)}(h + h_0)^2 - \dfrac{h_0^2}{m} \text{ (vgl. S. 26)} \\[2em] \text{und} \\[1em] F_e = F_1 - F_0^e + 2G = \dfrac{1}{m\left(1 - \dfrac{n^2}{m^2}\right)}(h + t_0)^2 - \dfrac{t_0^2}{m} + 2G \end{array}\right\} \quad 1)$$

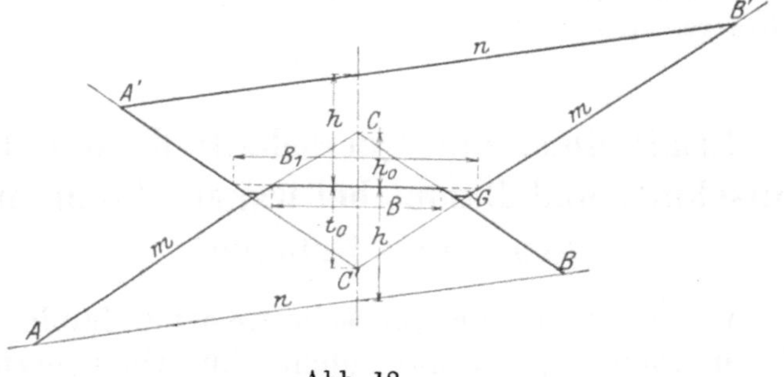

Abb. 18.

Für wagerechtes Gelände wird, da n = 0 ist,

$$\left.\begin{array}{l} F_d = \dfrac{1}{m}(h + h_0)^2 - \dfrac{h_0^2}{m} \\[1.5em] F_e = \dfrac{1}{m}(h + t_0)^2 - \dfrac{t_0^2}{m} + 2G \end{array}\right\} \quad 2)$$

Für n ≷ 0 werden F_d und F_e größer als bei wagerechtem Gelände. Infolgedessen läßt sich auch bei gegebener Querneigung n zu einer bestimmten Damm- oder Einschnittshöhe h stets jene Höhe H ermitteln, der bei wagerechtem Gelände dieselbe Querschnittsfläche entspricht.

Es bestehen die Gleichungen:

$$F_d = \dfrac{1}{m\left(1 - \dfrac{n^2}{m^2}\right)}(h + h_0)^2 - \dfrac{h_0^2}{m} = \dfrac{(H + h_0)^2}{m} - \dfrac{h_0^2}{m}$$

und

$$F_e = \frac{1}{m\left(1 - \dfrac{n^2}{m^2}\right)} (h + t_0)^2 - \frac{t_0{}^2}{m} + 2\,G$$

$$= \frac{(H + t_0)^2}{m} - \frac{t_0{}^2}{m} + 2\,G$$

Hieraus folgt:

$$\left.\begin{aligned}
(H_0 + h_0) &= \frac{1}{\sqrt{1 - \dfrac{n^2}{m^2}}} (h + h_0) = \frac{1}{c} (h + h_0) \\[2em]
(H + t_0) &= \frac{1}{\sqrt{1 - \dfrac{n^2}{m^2}}} (h + t_0) = \frac{1}{c} (h + t_0)
\end{aligned}\right\}$$

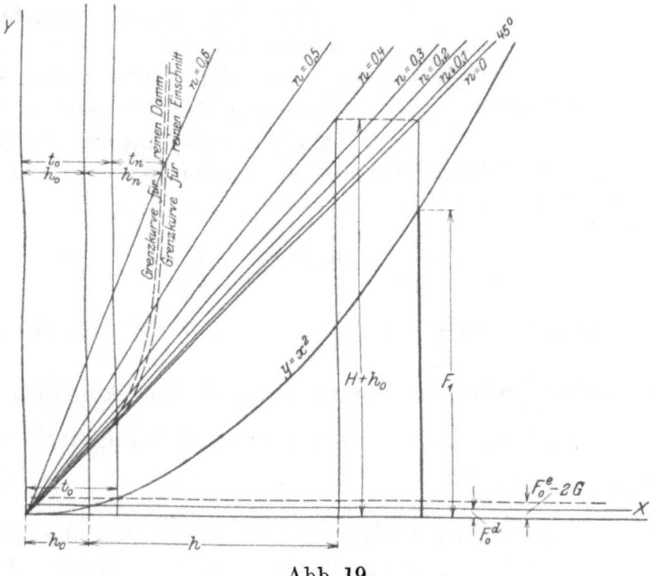

Abb. 19.

Die Gleichungen unter 3 stellen Gerade dar mit den Richtungskoeffizienten $\frac{1}{c}$. Die Abszissen dieser Geraden (Umwandlungsstrahlen) bilden die Höhen $h + h_0$ bzw. $h + t_0$, die Ordinaten
die auf die wagerechte Achse umgezeichneten Höhen $H + h_0$
bzw. $H + t_0$. Zeichnet man ferner nach der auf S. 27 angegebenen

Weise die Parabel ohne Querneigung ($y = x^2$), so läßt sich der Inhalt des Querschnitts auf folgende Weise ermitteln:

Man trägt die dem Längenschnitt entnommene Höhe h von der im Abstande h_0 zur Y-Achse gezogenen Parallelen aus auf der X-Achse ab (Abb. 19), fährt mit dem Zirkel längs der Ordinate ($H + h_0$) bis zum Schnittpunkte mit dem der Querneigung entsprechenden Strahl n, hierauf wagerecht bis zur 45⁰ geneigten Geraden (n = 0) und greift sodann die um F_0 verminderte Parabelordinate ab, welche die Größe der gesuchten Querschnitts-

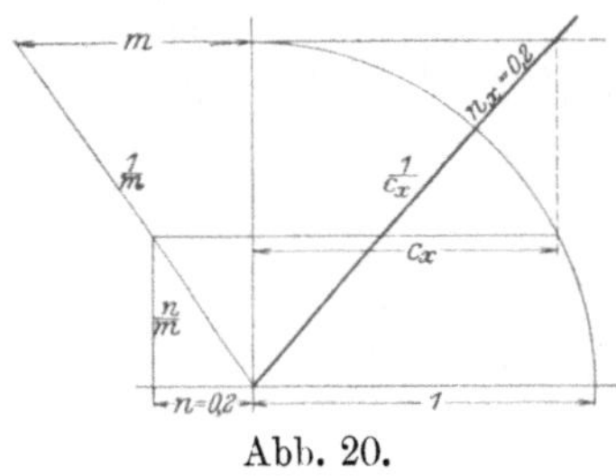
Abb. 20.

fläche $F = F_1 — F_0$ darstellt. Man wird diesen und alle anderen Flächenmaßstäbe auf Netzpapier zeichnen, damit bei ihrem Gebrauche die Linienzüge mit der Zirkelspitze leicht ausgeführt werden können.

Bei der zeichnerischen Bestimmung der Festwerte c beschreibt man mit der Einheit des beliebig gewählten Maßstabes als Halbmesser einen Kreis, dessen Mittelpunktsgleichung

$$c = \sqrt{1 - \frac{n^2}{m^2}} \quad \text{oder} \quad c^2 + \left(\frac{n}{m}\right)^2 = 1$$

für die veränderlichen c und $\frac{n}{m}$ lautet (Abb. 20). Zur Bildung des Quotienten $\frac{n}{m}$ dient eine Gerade, deren Richtungskoeffizient $\frac{1}{m}$ ist. Abb. 20 zeigt, wie die Strahlen n_x mit dem Richtungskoeffizient $\frac{1}{c_x}$ gefunden werden.

Da die vorstehenden Gleichungen zur Ermittlung der Querschnittsflächen nicht für Anschnittsquerschnitte (s. Abschn. II D, S. 78 u. f.) gültig sind, d. h. nicht für solche Querschnitte, bei denen die Oberfläche des natürlichen Bodens die Körperkrone durchschneidet, so ist es zweckmäßig, die Grenzen der Verwendbarkeit des Flächenmaßstabes festzulegen. Man ermittelt deshalb die Grenzhöhen h_n (Tiefen t_n), bei welchen die Begrenzungslinie des natürlichen Bodens eine Planumskante trifft, d. h. der vierseitige Querschnitt in ein Dreieck übergeht (Abb. 21).

Aus den Gleichungen

$$h_n = \frac{n\,B_1}{2}$$

$$t_n = \frac{n\,B}{2}$$

bestimmt man h_n und t_n zeichnerisch (aus Abb. 93) oder rechnerisch für eine Anzahl Querneigungen, die Schnittpunkte der

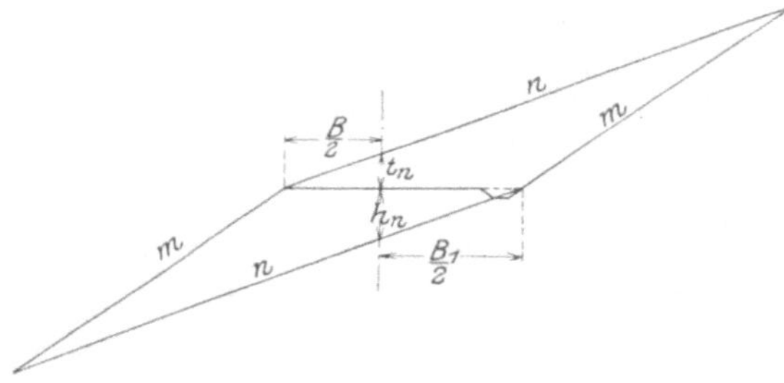

Abb. 21.

Strecken $h_0 + h_n$ und $t_0 + t_n$ mit dem zugehörigen Strahl geben den geometrischen Ort der Grenzen für die Verwendbarkeit des Flächenmaßstabes an. In Abb. 19 vergleiche die strichpunktierten Kurven, deren Gleichungen

$$y = \frac{h_0\,x}{\sqrt{x\,(2\,h_0 - x)}} \quad \text{und} \quad y = \frac{t_0 x}{\sqrt{x\,(2\,t_0 - x)}}$$

lauten.

Coulmas gibt dann noch einen zweiten Flächenmaßstab an, bei dem das Zeichnen der Parabel vermieden wird. Das Verfahren beruht auf dem Satze, daß in einem rechtwinkligen Dreiecke die Höhe zur Hypotenuse die mittlere Proportionale zwischen den beiden Abschnitten der Hypotenuse ist. Wählt man einen Abschnitt $k \cdot m$ (worin k ein von den verwendeten Maßstäben abhängiger Festwert) und die Höhe zur Hypotenuse gleich der für wagerechten Boden umgezeichneten Querschnittshöhe $H + h_0$, so ergibt der andere Abschnitt auf der Hypotenuse die Größe $\dfrac{1}{k \cdot m}(H + h_0)^2$, welche nach Abzug der Fläche des Fehldreiecks $\dfrac{h_0^2}{k \cdot m}$ die Fläche F des Querschnittes darstellt.

In Abb. 22 ist dieser Flächenmaßstab gezeichnet. Die aus
einem rechten Winkel bestehende Schablone bewegt sich mit dem

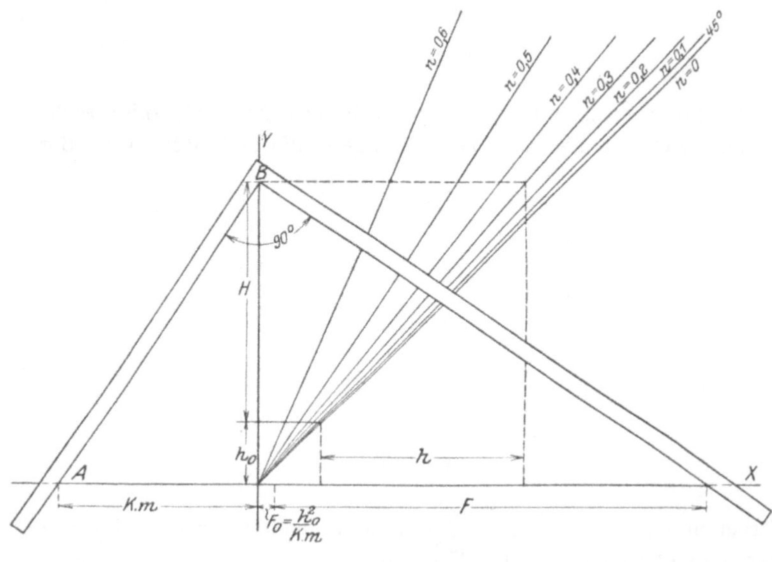

Abb. 22.

Scheitel B auf der Y-Achse, während der eine Schenkel durch den
festen Punkt A gelegt wird. Bei der gegebenen Querneigung n
ergibt der zweite Schenkel auf der X-Achse das zu h bzw. H gehörige
Flächenmaß F.

2. Verfahren nach Puller.

Bei dem hier beschriebenen Verfahren (s. Literatur), bei dem
die Querschnitte im Gelände mit Querneigung auf solche ohne
Querneigung zurückgeführt werden, ermittelt man wiederum
nach S. 5 bis 11 aus dem Lageplane die Querneigung des Geländes
im jeweiligen Querschnitte, alsdann bestimmt man zu den gegebenen Höhen h jene Höhen H (Tiefen T), denen bei wagerechtem
Boden die gleiche Querschnittsfläche entspricht (Abb. 23).

$$\left(H + \frac{B}{2}\cdot m\right) : \left(h + \frac{B}{2}\cdot m\right) = \frac{1}{n} : \sqrt{\frac{1}{n^2} - \frac{1}{m^2}}$$

oder

$$H + h_0 = \frac{1}{\sqrt{1 - \dfrac{n^2}{m^2}}} \, (h + h_0),$$

das ist dieselbe Gleichung, die Coulmas auf S. 15 entwickelt hat.

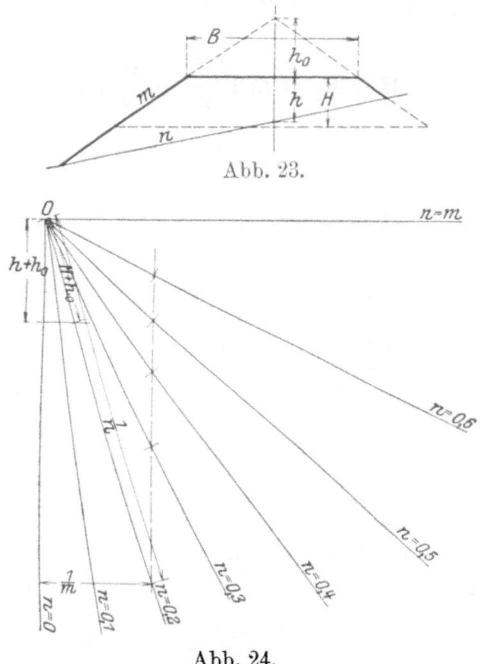

Abb. 24.

Die Werte $H + h_0$ werden zeichnerisch wie folgt bestimmt (Abb. 24): Man zeichnet ein rechtwinkliges Dreieck, dessen eine Kathete den Wert $\dfrac{1}{m}$ und dessen Hypotenuse den Wert $\dfrac{1}{n}$ in einer beliebigen Maßstabseinheit darstellt, dann schneidet die zur Kathete $\dfrac{1}{m}$ im Abstand $h + h_0$ vom Pol 0 gezogene Parallele auf der Hypotenuse $\dfrac{1}{n}$ die gesuchte Höhe $H + h_0$ ab.

Aus Abb. 24 ist ohne weiteres abzulesen:

$$\frac{H + h_0}{h + h_0} = \frac{1}{n} : \sqrt{\frac{1}{n^2} - \frac{1}{m^2}}.$$

2*

Mit Hilfe der gefundenen Werte $H + h_0$ werden aus Abb. 25 die Flächeninhalte F abgelesen. Den Flächenmaßstab (Abb. 25) konstruiert man aus der Gleichung

$$F = \frac{H^2}{m} + B \cdot H$$

oder

$$H + h_0 = m \sqrt{\frac{F}{m} + \frac{B^2}{4}}.$$

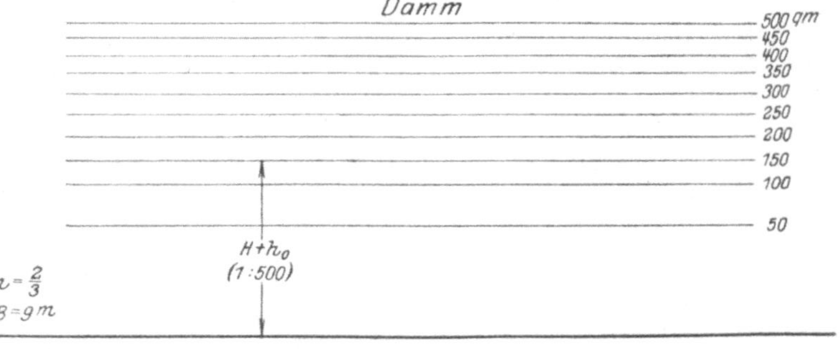

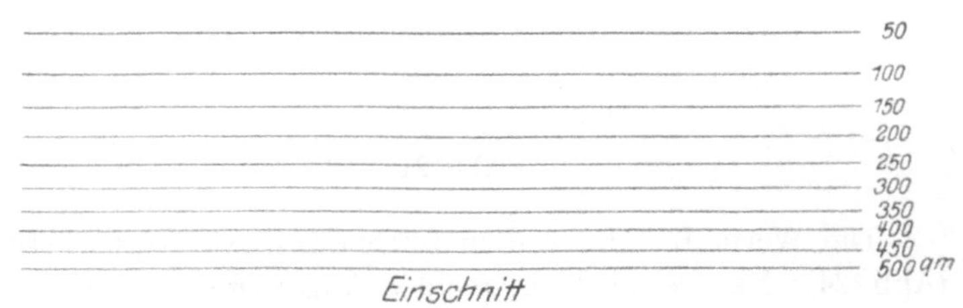

Abb. 25.

Da dieser Flächenmaßstab nach **Puller** viel rechnerische Arbeit erfordert, daneben Zwischenwerte von F durch Schätzung gefunden werden müssen, wird man zweckmäßig zur Flächenbestimmung einen anderen einfacheren Flächenmaßstab der folgenden Abschnitte B und C benutzen.

Für Anschnittsquerschnitte verliert dieses Verfahren seine Gültigkeit. Die Grenzwerte der Höhen für reinen Damm und reinen Einschnitt sind (vgl. Abb. 21, S. 17)

$$h_n = \frac{n \cdot B_1}{2}$$

$$t_n = \frac{n \cdot B}{2}.$$

Trägt man diese Grenzwerte auf dem Umwandlungsstrahl $n = 0$ ab und bringt die auf ihm in den Schnittpunkten errichteten

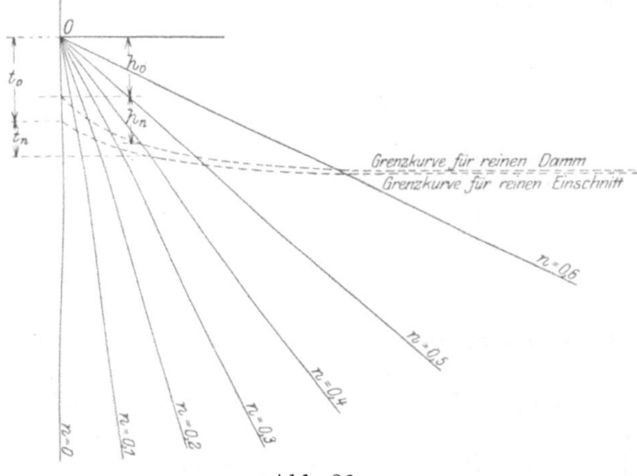

Abb. 26.

Winkelrechten zum Schnitt mit dem der jeweiligen Querneigung n entsprechenden Umwandlungsstrahl, so ergibt der geometrische Ort der Schnittpunkte die Grenzkurven (Abb. 26).

3. Verfahren nach Allitsch.

Ein drittes Verfahren der Zurückführung eines Querschnittes mit Querneigung auf einen wagerecht begrenzten von gleicher Fläche und daher größerer Höhe hat Allitsch (s. Literatur) veröffentlicht. Er findet die Umwandlung der Damm- und Einschnittshöhen auf eine einfachere Weise, als wie sie Coulmas und Puller angegeben haben.

Es bezeichnet (Abb. 27):

$n = \mathrm{tg}\,\beta$ die Querneigung des Geländes,

$m = \mathrm{tg}\,\alpha$ die Böschungsneigung des Kunstkörpers,

B die Planumsbreite des Kunstkörpers,

h die Höhe des Auftrages in der Achse der Bahn oder Straße,

h_0 den senkrechten Abstand des Schnittpunktes der verlängerten Dammböschungen von dem Planum,

H_1 die Höhe des zum Dreieck ergänzten Querschnittes für wagerechtes Gelände,

F den Flächeninhalt des Querschnittes,

F_1 den Flächeninhalt des zum Dreieck ergänzten Querschnittes,

F_0 die Fläche des Fehldreieckes.

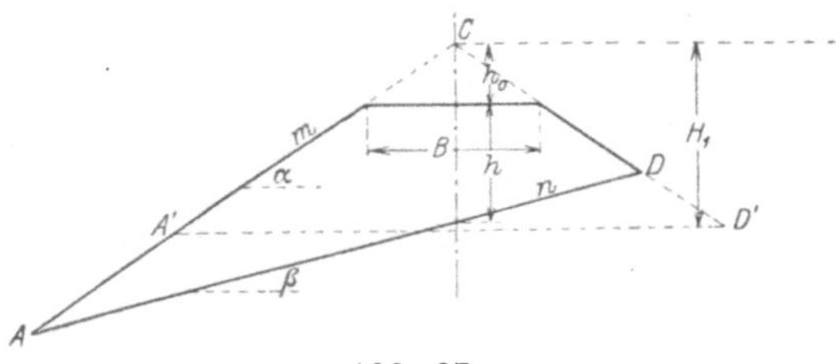

Abb. 27.

Die Gleichung für den Inhalt des Querschnittes lautet dann:

$$F = F_1 - F_0 = \frac{m}{m^2 - n^2}(h_0 + h)^2 - \frac{1}{m} \cdot h_0^2.$$

Soll nun der Querschnitt mit geneigter Geländelinie auf einen wagerecht begrenzten zurückgeführt werden, so bestimmt sich die Höhe H_1 des Dreiecks $A' D' C$ (Abb. 27) wie folgt:

$$\Delta\,ADC = \Delta\,A'D'C = \frac{m}{m^2 - n^2}(h_0 + h)^2 = \frac{1}{m} \cdot H_1^2$$

oder

$$\frac{n^2}{m^2} + \frac{(h_0 + h)^2}{H_1^2} = 1.$$

Werden n und $h_0 + h$ als rechtwinklige Koordinaten, m und H_1 als Konstante angesehen, so stellt obige Gleichung die Mittelpunktsgleichung einer Ellipse dar mit den Halbachsen m und H_1. Die Ellipse bildet den geometrischen Ort aller flächengleichen Kunstkörperquerschnitte, die die Böschungsneigung m : 1 besitzen.

Trägt man auf einer Geraden die Halbachsen der Ellipse ab und läßt die Endpunkte auf den Achsen eines rechtwinkligen Koordinatensystems entlang gleiten, so beschreibt jeder Punkt der Geraden eine Ellipse. In dem rechtwinkligen Koordinatensystem X Y (Abb. 28) zieht man zur Y-Achse Parallele im Abstand der Tangenswerte n. Die Maßeinheit für die Abstände n der einzelnen Neigungslinien ist willkürlich, aber einheitlich für die Werte n und m zu wählen. Zur X-Achse zieht man eine Parallele im Abstand h_0. In dem gezeichneten Koordinatensystem entspricht

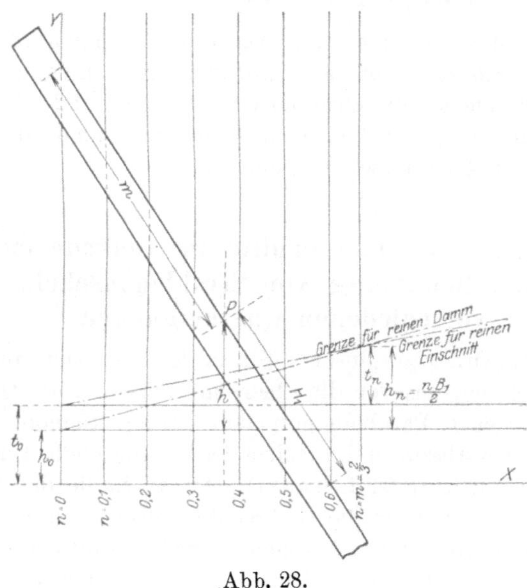

Abb. 28.

jedem Querschnitte ein Punkt mit den Koordinaten $(h_0 + h)$ und n, der sich einfach durch Auftragen der Höhe h auf der der Geländeneigung entsprechenedn n-Linie finden läßt. Trägt man auf einen Papierstreifen nen Wert m auf und legt man (Abb. 28) den Streifen in dem erhaltenen Punkt P derart an, daß der andere Endpunkt des konstanten Abschnittes m auf der Y-Achse liegt, so erscheint zwischen P und der X-Achse die gesuchte Höhe H_1, und zwar in jenem Maßstabe, in dem h_0 und h abgemessen wurden.

Zur Bestimmung der Querschnittsflächen F benutzt man die Höhen H_1 für irgendeinen Flächenmaßstab, bei dem die Geländeneigung nicht mehr zu berücksichtigen ist.

Bei Übergangspunkten zwischen Auf- und Abtrag hat das vorliegende Verfahren keine Gültigkeit. Die Grenzhöhen $h_n = \dfrac{n\,B_1}{2}$

$$t_n = \frac{n \cdot B}{2}$$ lassen sich auf den Neigungsparallelen auftragen.

Der geometrische Ort aller dieser Punkte stellt je eine Gerade dar.

Das Verfahren gilt sowohl für Auftrags- als auch Abtragsquerschnitte.

Die vorstehend genannten Verfahren zeichnen sich durch die einfache Konstruktion der Umwandlungsstrahlen aus, eignen sich jedoch nicht zur Grunderwerbsbreiten- und Böschungsbreitenbestimmung, so daß sie nicht so ergiebig sind als die meisten Verfahren der Abschnitte II B und II C.

B. Verfahren für Querschnitte im Gelände mit Querneigung bei Benutzung von Strahlenbüscheln für die verschiedenen Querneigungen.

In Culmann's graphischer Statik (s. Literatur) findet sich eine Parabeltafel, aus der die Querschnittsflächen als Ordinaten von verschiedenen Parabeln gefunden werden können, während die zugehörigen Abszissen die Höhen des Dammes oder Einschnitts darstellen. Winkler (s. Literatur) setzt an Stelle der Parabeln gerade Linien, indem er die senkrechte Achse quadratisch teilt. Das schwierige Abgreifen der Höhen auf der quadratischen Teilung hat Göring (s. Literatur) dadurch beseitigt, daß er nur eine einzige Parabel zeichnet und für die veränderlichen Bodenneigungen Strahlenbüschel benutzt. Diese haben dann auch bei anderen Verfahren der Querschnittsbestimmung Verwendung gefunden. Die Flächenmaßstäbe sind im folgenden zusammengestellt.

1. Verfahren nach Göring.

a) Verfahren ohne Rücksicht auf die Querneigung des Geländes. Der Flächeninhalt der Querschnitte (Abb. 29) wird ausgedrückt durch die Gleichungen:

$$F = B \cdot h + \frac{h^2}{m} \text{ für Damm,}$$

$$F = B_1 \cdot h + 2G + \frac{h^2}{m} \text{ für Einschnitt,}$$

worin m : 1 das Böschungsverhältnis, G den meist gleichbleibenden

Inhalt eines Einschnittsgrabens, B die Planumsbreite für Damm, B_1 die bis zu den Einschnittsböschungen verlängerte Planumsbreite für Einschnitt und h die Höhe des Dammes bzw. Einschnittes bezeichnet.

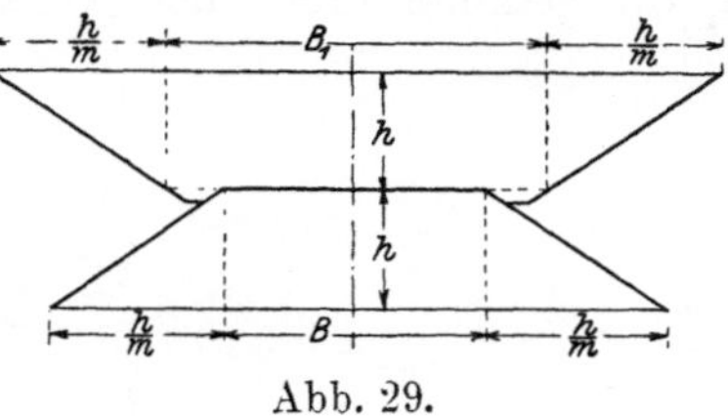

Abb. 29.

Der Inhalt des Querschnittes wird dann graphisch aus dem Flächenmaßstabe (Abb. 30) entnommen, der aus den Geraden $B \cdot h$ für Damm bzw. $B_1 \cdot h + 2\,G$ für Einschnitt und der Parabel $\dfrac{h^2}{m}$ besteht.

Den Maßstab für die Höhen wählt man gleich demjenigen des Längenschnittes. Für verschiedene Böschungsverhältnisse m

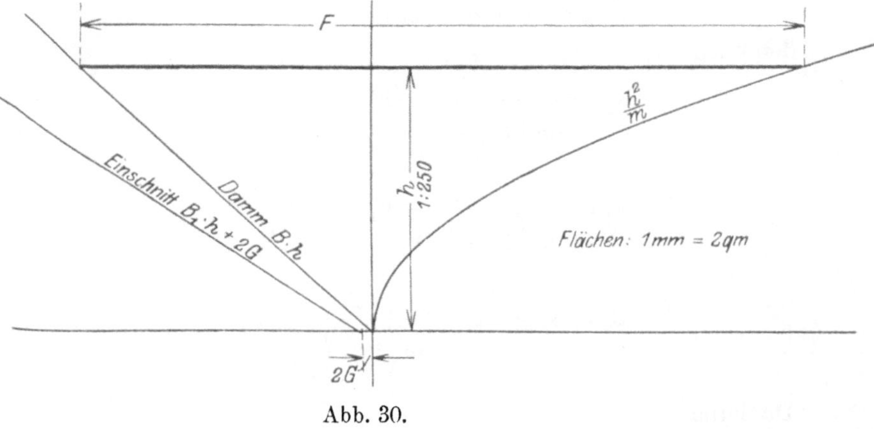

Abb. 30.

hat man je eine besondere Parabel zu zeichnen. Ändert sich die Planumsbreite, dann ist nur das Zeichnen einer anderen Geraden erforderlich.

b) Verfahren mit Berücksichtigung der Querneigung.
α) Erstes Verfahren. Bezeichnet (Abb. 31):

$n = \operatorname{tg}\beta$ die Querneigung des Geländes,
$m = \operatorname{tg}\alpha$ die Böschungsneigung des Kunstkörpers,
h_0 und F_0 Höhe und Fläche des Fehldreiecks,
h und F Höhe und Fläche des Querschnittes,

$h_1 = h_0 + h$ und F_1 Höhe und Fläche des zum Dreieck ergänzten Querschnittes,

B_2 die gesamte Breite des Kunstkörpers,

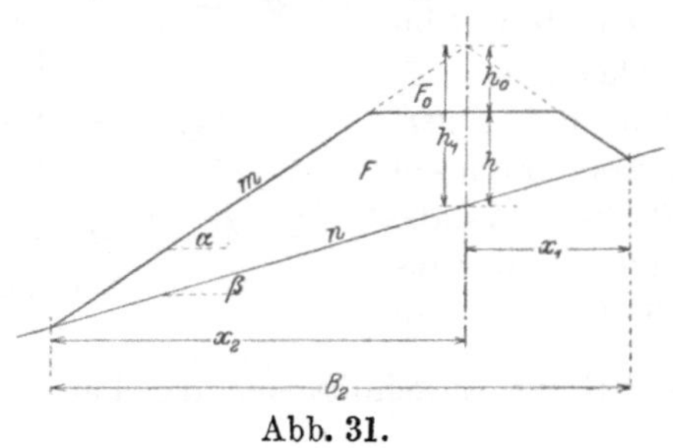

Abb. 31.

so erhält man

$$x_1 (\operatorname{tg} \alpha + \operatorname{tg} \beta) = x_1 (m + n) = h_1$$
$$x_2 (\operatorname{tg} \alpha - \operatorname{tg} \beta) = x_2 (m - n) = h_1,$$

demnach

$$x_1 = \frac{1}{m\left(1 + \dfrac{n}{m}\right)} \cdot h_1,$$

$$x_2 = \frac{1}{m\left(1 - \dfrac{n}{m}\right)} \cdot h_1,$$

$$B_2 = x_1 + x_2 = \frac{2}{m\left(1 - \dfrac{n^2}{m^2}\right)} \cdot h_1.$$

Da ferner

$$F_1 = h_1 \frac{(x_1 + x_2)}{2},$$

so folgt

$$F_1 = \frac{1}{m\left(1 - \dfrac{n^2}{m^2}\right)} h_1{}^2 = k \cdot h_1{}^2,$$

worin

$$k = \frac{1}{m\left(1 - \dfrac{n^2}{m^2}\right)}.$$

Man zeichnet (Abb. 32) die Parabel $y^2 = x$. Der Maßstab der Ordinaten y ist etwa 5 bis 10 mal größer zu nehmen als für

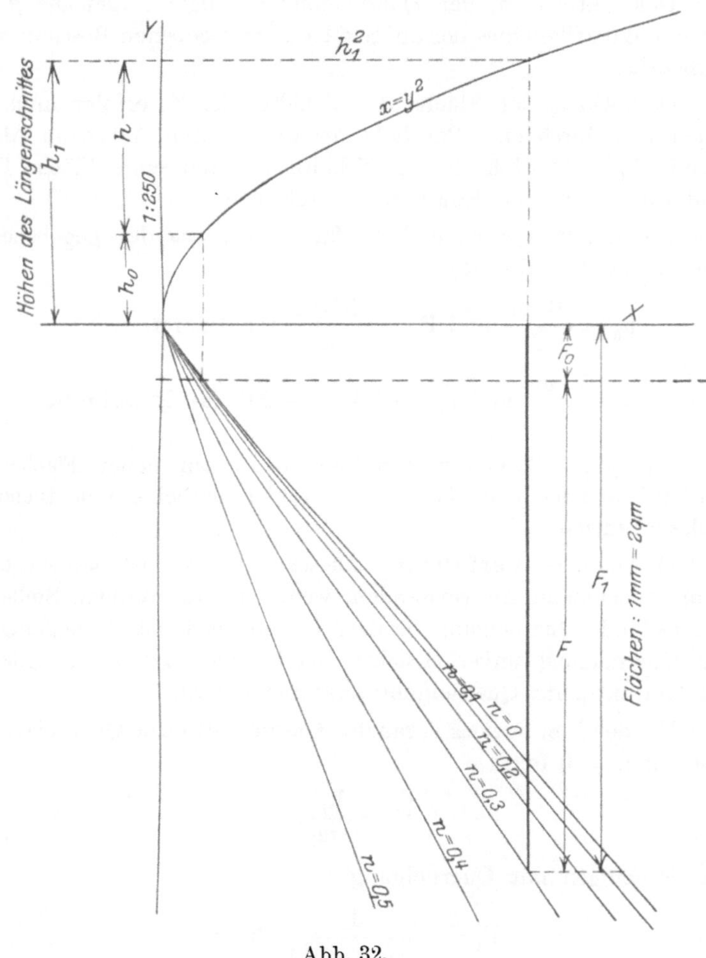

Abb. 32.

die Werte x, damit nicht die Parabel zu flach wird und später beim Abgreifen der Flächen sich nicht zu ungenaue Schnitte ergeben.

Alsdann rechnet man sich für ein bestimmtes, aber möglichst großes h_1 die Werte $F_1 = k \cdot h_1^2$ für die verschiedenen Querneigungen n aus und bestimmt so das Strahlenbüschel der Querneigungen.

Das Entnehmen der Querneigung aus dem Lageplane geschieht mit Hilfe eines der auf S. 5 bis 11 angegebenen Böschungsmaßstäbe.

Der Abzug der Fläche des Fehldreiecks F_0 erfolgt in der Zeichnung durch eine Parallele zur wagerechten Achse im Abstande F_0. Die Höhe h_0 des Fehldreiecks und seine Fläche F_0 sind für Damm und Einschnitt verschieden.

Die Größe von h_0 und F_0 findet sich aus der gegebenen Planumsbreite (Abb. 18):

$$h_0 = \frac{B \cdot m}{2} \quad \text{und} \quad F_0 = \frac{B^2 \cdot m}{4} \quad \text{für Damm,}$$

$$t_0 = \frac{B_1 \cdot m}{2} \quad \text{und} \quad F_0 = \frac{B_1^2 m}{4} - 2\,G \quad \text{für Einschnitt.}$$

Für jedes Böschungsverhältnis m ist ein neuer Flächenmaßstab anzufertigen, damit die Strahlenbüschel ein deutliches Ablesen zulassen.

β) Zweites Verfahren. Dieses Verfahren ist namentlich dann zweckmäßig zu verwenden, wenn nur an wenigen Stellen das Gelände Querneigung besitzt, so daß zunächst durchgängig die Querneigung unberücksichtig bleibt und erst nachträglich die Korrektur für Querneigung angebracht wird.

Für den zum Dreieck ergänzten Querschnitt ohne Querneigung also für n = 0 folgt

$$\overline{F}_1 = \frac{h_1^2}{m},$$

für denjenigen mit Querneigung

$$F_1 = \frac{1}{m\left(1 - \dfrac{n^2}{m^2}\right)} \cdot h_1^2;$$

mithin wächst der Querschnitt um

$$F_1 - \overline{F}_1 = \Delta = \frac{n^2}{m^2\left(1 - \dfrac{n^2}{m^2}\right)} \cdot \overline{F}_1 = k_1 \cdot \overline{F}_1,$$

wobei

$$k_1 = \frac{n^2}{m^2\left(1 - \dfrac{n^2}{m^2}\right)}.$$

Man zeichnet die Parabel $\dfrac{h_1{}^2}{m}$, ferner die Gerade z (Abb. 33), deren Neigung gegen die wagerechte Achse durch den Winkel φ bestimmt ist. Die Tangente des Winkels ist gleich k_1.

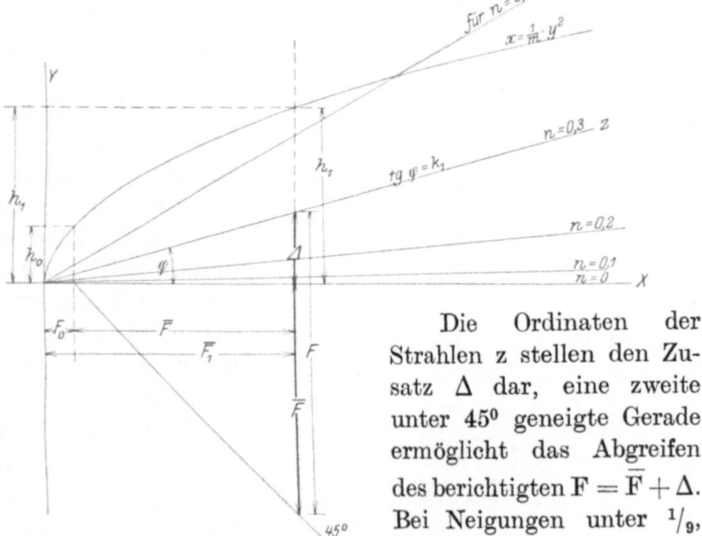

Abb. 33.

Die Ordinaten der Strahlen z stellen den Zusatz Δ dar, eine zweite unter 45° geneigte Gerade ermöglicht das Abgreifen des berichtigten $F = \overline{F} + \Delta$. Bei Neigungen unter $^1/_9$, also $n = tg\ \beta < {}^1/_9$ wird der Zusatz sehr gering und kann deshalb vernachlässigt werden. Bei größeren Neigungen als $\dfrac{1}{3}$ und einem $m = \dfrac{1}{1,5}$ werden in der Regel Futter- oder Stützmauern zur Anwendung kommen müssen.

Die Göringschen Maßstäbe haben den Vorzug, daß sie sehr einfach und übersichtlich sind, andrerseits sind auch Nachteile nicht zu verkennen, die darin bestehen, daß bei stark geneigten Geraden der Strahlenbüschel oder bei vorgeschriebenen Höhen- und Flächenmaßstäben sich steil aufsteigende Parabeläste ergeben und daher sehr flache und ungenaue Schnitte erhalten werden. Hat man ferner die k- bzw. k_1-Werte nicht zur Hand, so hat dem Zeichnen eine zeitraubende Rechnung vorauszugehen.

Nach Görings Tode sind einige Abhandlungen erschienen, in denen die k-Werte rein zeichnerisch bestimmt werden (s. Literatur).

Das hier beschriebene Verfahren von Dippel (s. Literatur) zeichnet sich durch große Einfachheit aus, es dürfte daher als eine zweckmäßige Ergänzung des Göringschen Flächenmaßstabes zu betrachten sein.

Über der Strecke $\overline{A\,B} = m = \operatorname{tg} \alpha$ (Abb. 34) schlägt man einen Halbkreis und trägt die Größe der Geländeneigung $\operatorname{tg} \beta = n$ im Maßstab der Strecke $\overline{A\,B}$ vom Endpunkt B aus als Sehne ab, die Projektion der Sehne auf den Durchmesser $\overline{A\,B}$ schneidet die Strecke $\overline{S\,A}$ von der Größe $m - \dfrac{n^2}{m} = m\left(1 - \dfrac{n^2}{m^2}\right)$ ab.

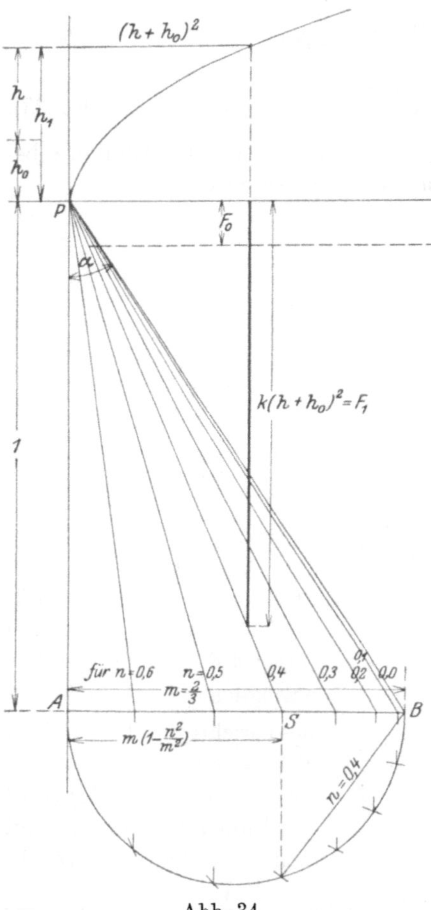

Abb. 34.

Macht man den Polabstand $\overline{A\,P} = 1$ und verbindet man den Pol mit den für die verschiedenen n gefundenen Fußpunkten, so erhält man das Göringsche Strahlenbüschel der Querneigungen mit den Richtungskoeffizienten

$$\frac{1}{m\left(1-\dfrac{n^2}{m^2}\right)} = k.$$

Die zeichnerische Bestimmung der von Göring im zweiten Verfahren S. 29 benutzten k_1-Werte geschieht in ähnlicher Weise.

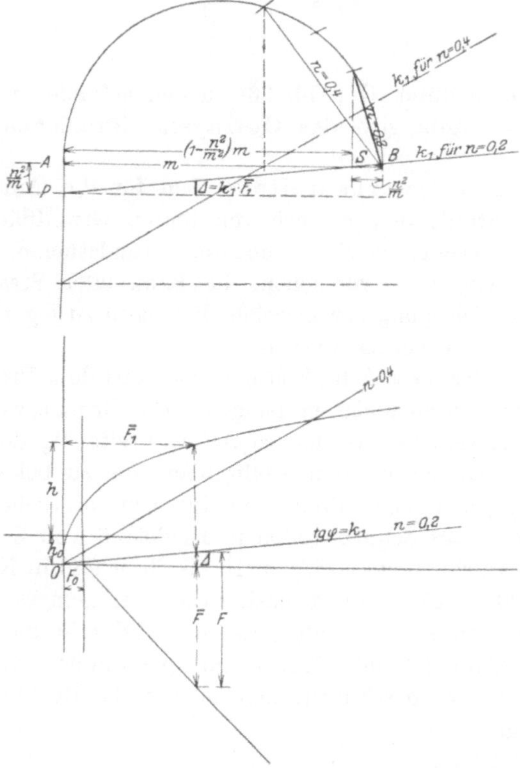

Abb. 35 u. 36.

Über der Strecke $\overline{A\,B} = m$ (Abb. 35) beschreibt man einen Halbkreis, trägt die Geländeneigung $n = \operatorname{tg}\beta$ von dem Endpunkt B des Durchmessers als Sehne ab, die Projektion des Schnittpunktes auf dem Durchmesser m schneidet die Strecken

$$\overline{A\,S} = m\left(1-\frac{n^2}{m^2}\right)$$

und $\dfrac{n^2}{m}$ ab. Auf der im Endpunkt A des Durchmessers errichteten Senkrechten trägt man von A aus die Werte $\overline{BS} = \overline{AP}$ ab. Verbindet man S mit P, so erhält man Strahlen mit dem Richtungs-koeffizienten

$$k_1 = \frac{\dfrac{n^2}{m^2}}{1 - \dfrac{n^2}{m^2}}.$$

Zieht man durch O (Abb. 36) zu den gefundenen Strahlen Parallele, so ergibt sich das Göringsche Strahlenbüschel der k_1-Werte.

Die Grunderwerbsbreiten. Um für die Anlage einer Bahn oder Straße den Erwerb von teuren Grundflächen, wie z. B. von wertvollen Gärten, bebauten Grundstücken usw., zu vermeiden, wird man versuchen, die Bahn oder Straße unter voller Berücksichtigung der Zweckmäßigkeit so zu legen, daß die Kosten möglichst gering werden.

Die Grunderwerbsfläche bestimmt sich aus dem Produkt der Grunderwerbsbreiten und den Längen. Die Grunderwerbsbreite setzt sich zusammen aus der gesamten Breite B_2 des Kunst-körpers, bei Bahnen aus den Stellwannen, die zu beiden Seiten des Kunstkörpers in einer Breite von etwa 1 m vorgesehen werden müssen, ferner aus Schutzstreifen in Heideland von 8 bis 10 m Breite, in Laubholzbeständen von 15 bis 20 m und in Nadelholz-beständen 20 bis 25 m vom nächsten Gleise an gemessen.

Im weiteren soll nur als Grunderwerbsbreite die gesamte Breite B_2 (Abb. 37) des Kunstkörperquerschnitts verstanden werden, die seitlichen Schutzstreifen sollen in die Rechnung nicht mit einbezogen sein.

Nach S. 26 war

$$B_2 = \frac{2}{m\left(1 - \dfrac{n^2}{m^2}\right)} \cdot h_1,$$

ferner war

$$\frac{1}{m\left(1 - \dfrac{n^2}{m^2}\right)} = k,$$

somit

$$B_2 = 2\,k \cdot h_1.$$

Die graphische Darstellung gestaltet sich sehr einfach, wenn man mit Hilfe des Strahles s_1 den Wert $2\,h_1$ bildet und alsdann im Göringschen Strahlenbüschel die Multiplikation mit dem Faktor k ausführt (Abb. 38).

Die Böschungsbreiten. Die Böschungsbreiten ermittelt man nach S. 78. Die Multiplikation mit den Bahn- oder Straßenlängen ergibt die Böschungsflächen, die ebenso wie die Grunderwerbsflächen bei der Kostenberechnung der Bahn

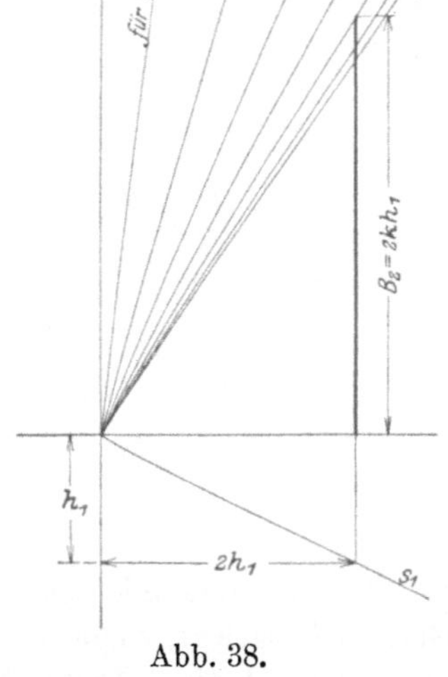

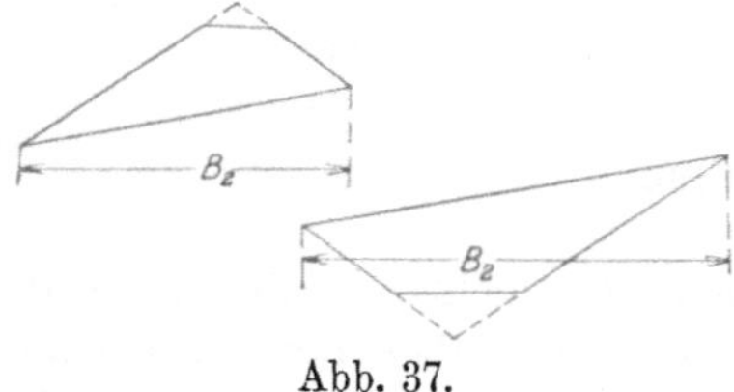

Abb. 37.   Abb. 38.

in Rücksicht gezogen werden müssen, da für sie eine Bepflanzung vorzusehen ist.

2. Verfahren nach Schönhöfer (s. Literatur).

Treten bei stark gebrochener Erdlinie Anschnittsquerschnitte auf, wie das bei der Anlage von Kleinbahnen häufig vorkommt, die sich dem Gelände nach Möglichkeit anschließen sollen, so sind die oben beschriebenen Querschnittsbestimmungen nicht zu verwenden. Neben den weiter unten auf S. 94 und 105 beschriebenen Verfahren gestattet das von Schönhöfer 1903 veröffentlichte Verfahren die Flächenbestimmung auch bei gebrochener Geländelinie sowohl für reine Querschnitte als auch für Anschnittsquerschnitte. Für reinen Damm und reinen Einschnitt ist sie hier beschrieben, die Anwendung auf die Anschnittsquerschnitte folgt auf S. 86.

Die Querneigung längs der Bahn oder Straße wird bei diesem Verfahren mit Hilfe von 3 Längenschnitten, dem Hauptlängenschnitt durch die Hauptachse und den beiden Nebenlängenschnitten durch die Planumskanten bestimmt, wie das bereits unter Abschnitt 3, S. 12, angegeben ist. Außer der Haupthöhe h benutzt man noch die Nebenhöhen h_a und h_b, (Abb. 39 und 40).

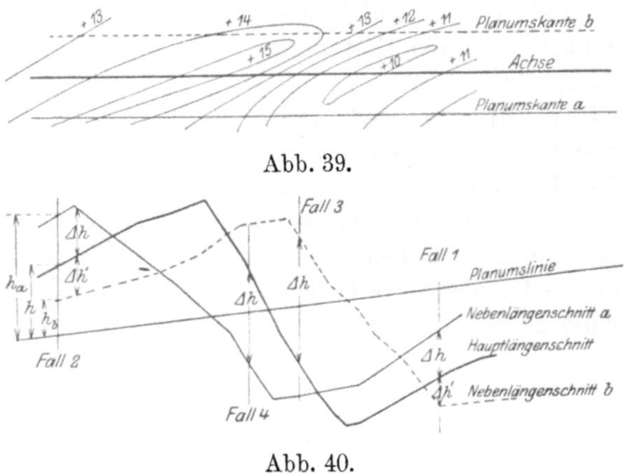

Abb. 39.

Abb. 40.

Die Geländelinie ist infolgedessen nicht als durchgehende Gerade festgelegt, sondern als eine in der Mitte der Hauptachse gebrochene Linie. Dadurch vermeidet man besonders bei sehr großen Querschnitten für zwei- und mehrgleisige Eisenbahnen, für Straßen und für Schiffahrtskanäle mit stark wechselndem Quergefälle innerhalb der Querschnitte große Ungenauigkeiten in der Flächenbestimmung.

Die zu beiden Seiten der Hauptachse liegenden Querschnittsteile werden im vorliegenden Verfahren getrennt behandelt, die Ermittlung der Flächen und der Grunderwerbsbreiten wird für jeden der beiden Nebenlängenschnitte gesondert durchgeführt.

Bezeichnet:

Δh die Höhendifferenz $h_b - h$ bzw. $h - h_b$

$\Delta h'$ „   „ $h - h_a$ bzw. $h_a - h,$

dann lassen sich alle vorkommenden Fälle auf vier Hauptfälle zurückführen, es gelten für einen Halbquerschnitt folgende Regeln:

1. **Reiner Damm.** Die Höhendifferenz Δh liegt außerhalb oder innerhalb der Dammfläche (Abb. 41).

2. **Reiner Einschnitt.** Die Höhendifferenz Δh liegt außerhalb oder innerhalb der Einschnittsfläche (Abb. 42).

3. Übergangsdamm. Die Höhendifferenz Δh übergreift die Einschnittsfläche (Abb. 43).

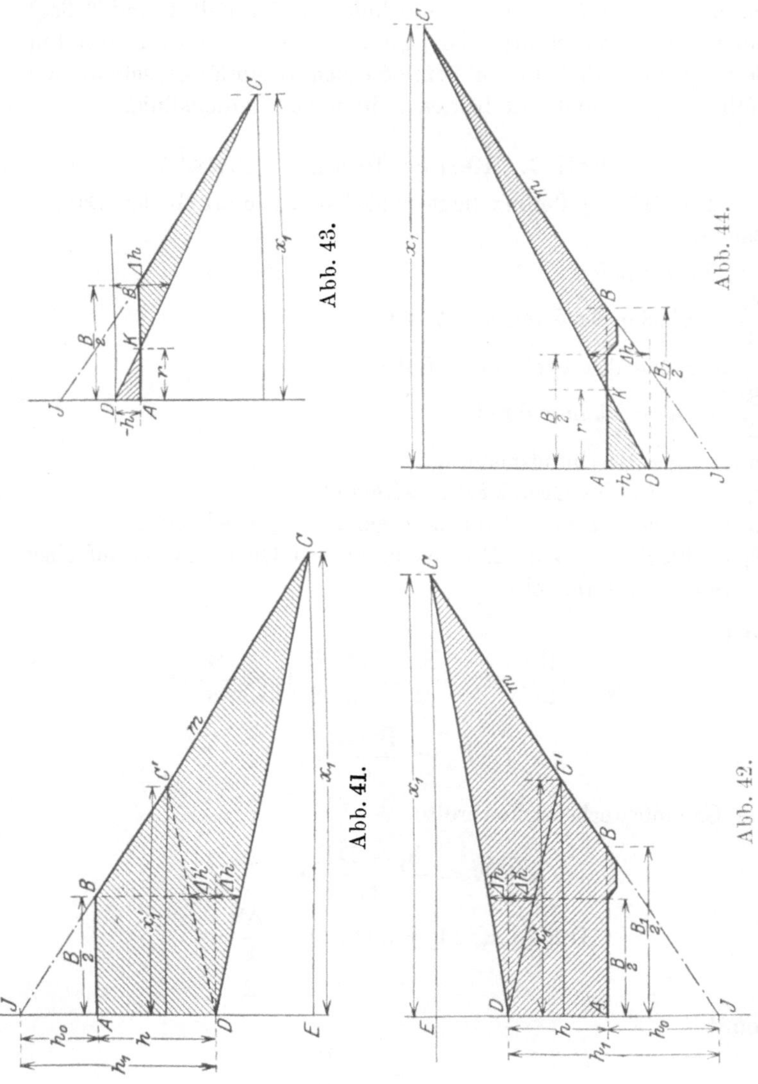

4. Übergangseinschnitt. Die Höhendifferenz Δh übergreift die Dammfläche (Abb. 44).

3*

Die vier Fälle lassen sich bei Betrachtung der Abb. 40 unterscheiden hinsichtlich der Lage des Haupt- und des Nebenlängenschnitts gegenüber der Planumslinie. Beim Fall 1 und 2 liegt der Hauptlängenschnitt in bezug auf die Planumslinie auf derselben Seite, beim Fall 3 und 4 befinden sich Hauptlängenschnitt und Nebenlängenschnitt zu beiden Seiten der Planumslinie.

Fall 1. Reiner Damm. (Abb. 41.)

Die Höhendifferenz liegt zunächst außerhalb der Dammfläche.

Bezeichnet:

$\dfrac{F_0}{2}$ = Fläche des Dreiecks A B J,

h_0 = Höhe des Dreiecks A B J,

$\dfrac{B}{2}$ = halbe Planumsbreite,

m = tg α Böschungsneigung,

x_1 = Breite des Grunderwerbsstreifens,

h_1 = Höhe des zum Dreieck ergänzten Querschnitts,

F_1 = Fläche des zum Dreieck ergänzten Querschnitts auf einer Seite der Bahnachse,

so ist

$$h_0 = \frac{B}{2} \cdot m, \qquad \frac{F_0}{2} = \frac{1}{2}\frac{B}{2} h_0 = \frac{B^2}{8} \cdot m$$

$$F_0 = \frac{B^2 \cdot m}{4},$$

die Grunderwerbsstreifenbreite

$$x_1 = \overline{C\,E} = \frac{h_1 + \overline{D\,E}}{m},$$

$$\overline{D\,E} = x_1 \, \mathrm{tg} \llcorner E\,C\,D = x_1 \cdot \frac{\Delta h}{\dfrac{B}{2}},$$

somit

$$x_1 = \frac{h_1 + x_1 \dfrac{\Delta h}{\dfrac{B}{2}}}{m},$$

$$x_1 = \frac{\dfrac{h_1}{m}}{1 - \dfrac{\Delta h}{m\,\dfrac{B}{2}}};$$

setzt man

$$\frac{\dfrac{1}{m}}{1 - \dfrac{\Delta h}{m\,\dfrac{B}{2}}} = k,$$

so folgt für die Grunderwerbsstreifenbreite

$$x_1 = k \cdot h_1.$$

Man erhält die Gleichung einer Schar von Geraden, die durch den Ursprung eines rechtwinkligen Koordinatensystems geht. Für jedes Δh ergibt sich ein bestimmtes k und damit ein bestimmter Strahl der Geradenschar (Abb. 45).

Für die Fläche F_1 folgt:

$$F_1 = \frac{1}{2} \cdot x_1 \cdot h_1,$$

nach oben war $x_1 = k\ h_1$, somit

$$F_1 = \frac{1}{2} k \cdot h_1{}^2.$$

Im folgenden Flächenmaßstab (Abb. 46) lassen sich aus den Werten h_1 die Werte $h_1{}^2$ mit Hilfe einer Parabel $y^2 = x$ finden, die Multiplikation mit dem Faktor $\frac{1}{2} k$ geschieht mittels Strahlen mit dem Richtungskoeffizient

$$\frac{1}{2} k = \frac{1}{2} \frac{\dfrac{1}{m}}{1 - \dfrac{\Delta h}{m\,\dfrac{B}{2}}}.$$

Die Größe k ist durch den jeweiligen Wert Δh bestimmt. Im allgemeinen wird es hinreichen, die Δh auf Zehntelmeter abzuschätzen, so daß die Konstante k von $\frac{1}{2}$ Meter zu $\frac{1}{2}$ Meter zu berechnen oder zu konstruieren ist. Sind recht große Querschnitte und Grunderwerbsbreiten zu bestimmen, so lassen sich in die strahlenförmig auslaufenden Geraden noch Zwischengerade einschalten, welche Werten von Δh für kleinere Zwischenräume entsprechen.

Liegt nun die Höhendifferenz Δh innerhalb der Dammfläche, so ergibt sich

$$x_1 = \frac{h_1 - \overline{DE}}{m},$$

$$k = \frac{\dfrac{1}{m}}{1 + \dfrac{\Delta h}{m\,\dfrac{B}{2}}},$$

Es ändert sich also gegenüber dem vorerwähnten Falle in der Gleichung für k nur das Zeichen des zweiten Gliedes im Nenner. Es kommt dies einer Zeichenänderung des Wertes Δh gleich, wie sich ohne weiteres aus Abb. 41 erkennen läßt.

Fall 2. Reiner Einschnitt. (Abb. 42.)

Die Höhendifferenz Δh liegt außerhalb und innerhalb der Einschnittsfläche.

Es ergeben sich hier dieselben Ausdrücke wie für Fall 1, nur bedeutet hier

$$h_0 = \frac{B_1 \cdot m}{2};$$

$$\frac{F_0}{2} = \frac{B_1{}^2 \cdot m}{8} - G,$$

worin G die Fläche eines Grabenquerschnittes darstellt.

Es kommen hier dieselben Kurven zur Anwendung wie bei Fall 1, es brauchen nur die entsprechenden h_0 und F_0 aufgetragen zu werden (in Abb 46 mit $h_0{}^e$ und $\tfrac{1}{2} F_0{}^e$ bezeichnet).

Der Lage der Höhendifferenz Δh außerhalb und innerhalb der Einschnittsfläche entspricht auch hier im Nenner des Wertes k ein —- und ein +-Zeichen, wie bei Fall 1.

Es wird sich jederzeit empfehlen für Damm und für Einschnitt je einen Flächenmaßstab anzulegen, damit Irrtümern möglichst vorgebeugt wird.

Die zur Grunderwerbsbreitenbestimmung erforderlichen Werte k bestimmen sich graphisch sehr einfach wie folgt:

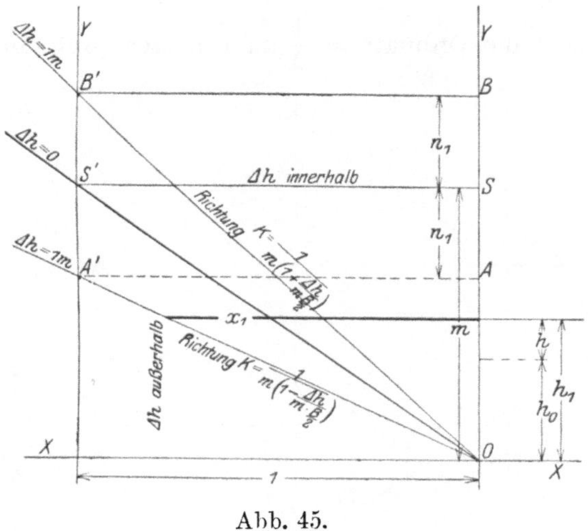

Abb. 45.

Vom Ursprung O des rechtwinkligen Koordinatensystems X Y (Abb. 45) trägt man in einem beliebigen Maßstabe die Größe $m = \mathrm{tg}\,\alpha$ als Ordinate, die Größe 1 als zugehörige Abszisse ab, macht $\overline{S\,A} = \overline{S\,B} = n_1 = \mathrm{tg}\,\beta = \dfrac{\Delta h}{\dfrac{B}{2}}$, errichtet in A, S und in B Winkelrechte, die die Parallele zur Ordinatenachse im Abstand 1 in den Punkten A' bzw. S', B' schneiden. Dann besitzt der Strahl $\overline{A'\,O}$ die Richtung

$$k = \cfrac{1}{m\left(1 - \cfrac{\Delta h}{m\,\dfrac{B}{2}}\right)}$$

und der Strahl $\overline{B'\,O}$ die Richtung

$$k = \cfrac{1}{m\left(1 + \cfrac{\Delta h}{m\,\dfrac{B}{2}}\right)}.$$

Die zur Flächenbestimmung erforderlichen Richtungsstrahlen $\frac{k}{2}$ finden sich in der gleichen Weise, nur ist an Stelle der Abszisse $= 1$ die Ordinate $= \frac{1}{2}$ zu benutzen (Abb. 46).

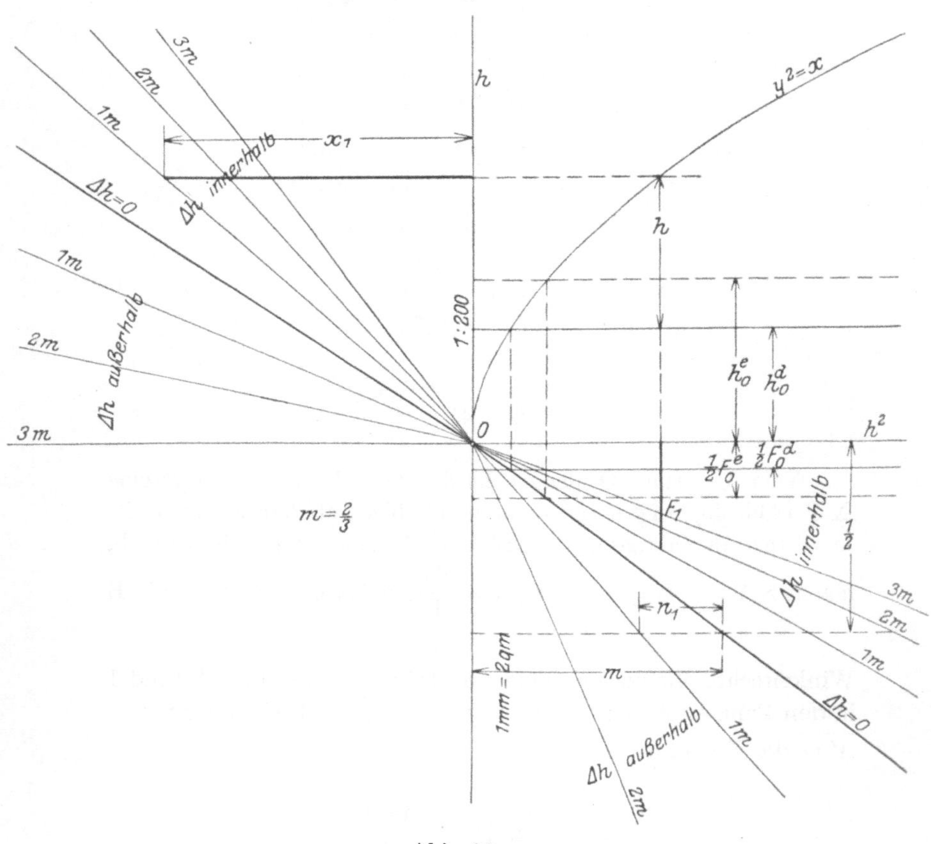

Abb. 46.

Zur Konstruktion und zum Gebrauche des Flächenmaßstabes ist noch folgendes zu sagen.

Man trägt im entsprechenden Maßstabe der Höhen und Flächen das h_0 und das $\frac{F_0}{2}$ vom Ursprung aus auf der Ordinatenachse ab und zieht durch die Schnittpunkte die Parallelen zur

Abszissenachse. Die Parallelen stellen die Nullinien dar, von welchen aus die Höhen h des Längenschnittes aufzutragen und die Werte F zu rechnen sind. Sind die Querschnitte im Höhenplane festgelegt, so wird man mit der jeweiligen Haupthöhe h an die Parabel gehen und nun auf Grund des zugleich abgelesenen Δ h die Grunderwerbsbreiten x_1 und die Flächen F abgreifen. Zu beachten ist, ob Δ h außerhalb oder innerhalb des Querschnitts liegt, da die entsprechenden k-Strahlen jeweils zu benutzen sind. Übergreift das Δ h die Damm- oder Einschnittsfläche, so treten Anschnittsquerschnitte auf, deren Flächenbestimmung dann entsprechend nach den Fällen 3 oder 4 zu erfolgen hat, wie sie unter Kapitel II D, Anschnittsquerschnitte, S. 78, beschrieben sind.

Der möglichen Höhendifferenz Δ h ist eine Grenze gesetzt für den Fall, daß die Geländelinie der Böschungslinie parallel läuft, daß also $\dfrac{\Delta h}{\dfrac{B}{2}} = m$ wird.

Vorstehendes Verfahren besitzt neben dem eingangs erwähnten Hauptvorteil der Verwendbarkeit für Anschnittsquerschnitte bei gebrochener Erdlinie noch die Vorzüge, daß die beiden Nebenlängenschnitte beim Einzeichnen der Planumslinie in den Hauptlängenschnitt dazu dienen können, die Planumslinie in bezug auf den Massenausgleich recht günstig zu legen, ferner gestattet die Größe Δ h unmittelbar auf die Neigung des Geländes zu schließen, so daß sich im voraus jene Stellen angeben lassen, bei denen mit Rücksicht auf Grunderwerbsersparnis Futter- oder Stützmauern anzuordnen sein werden.

3. Verfahren nach Dolezalek und Erweiterung dieses Verfahrens nach v. Glaßer

für reine Damm- und Einschnittsquerschnitte siehe bei Verfahren für Anschnittsquerschnitte S. 94 und 100.

C. Verfahren unter Umgehung der Strahlenbüschel für die verschiedenen Querneigungen.

Im folgenden sind die Verfahren zusammengestellt, die die Verwendung eines Strahlenbüschels oder einer Kurve in Verbindung mit einem Strahlenbüschel für die verschiedenen Querneigungen vermeiden. Der Vorteil liegt gegenüber den eben beschriebenen Verfahren von Göring und Schönhöfer in der weniger zeitraubenden Herstellung der Maßstäbe. Von den hier erläuterten vier Verfahren enthalten die ersten drei eine den veränderlichen Neigungen n entsprechende Teilung, und die Arbeiten für die Anfertigung des Flächenmaßstabes sind fast nur auf das Anlegen dieser Teilung beschränkt. Es ist natürlich nicht möglich, für beliebig viele Werte von n die Teilung anzulegen, da dann die einzelnen Teilpunkte zu eng aneinander zu liegen kommen. Für die Werte von n, die keinen Teilpunkt oder keine Teilgerade besitzen, ist man auf Schätzung oder Interpolation angewiesen.

Bei dem vierten hier mitgeteilten Verfahren ist die Teilung im Flächenmaßstabe nicht vorhanden. Die dadurch ersparte Arbeit wird auf die Herstellung des Neigungsplanes verwendet. Es ist bei diesem Verfahren erreicht, aus dem Flächenmaßstabe für jede aus dem Schichtenplane entnommene Neigung n die Querschnittsfläche ohne irgendwelche Schätzung oder Interpolation zu finden.

1. Die Verfahren nach Allitsch (s. Literatur).

Verfahren a.

Grundlegend für dieses Verfahren ist die Eigenschaft des Kreises, daß für jede durch einen Punkt O gezogene Sekante das Produkt aus dem äußeren Abschnitte der Sekante und ihrer ganzen Länge konstant ist.

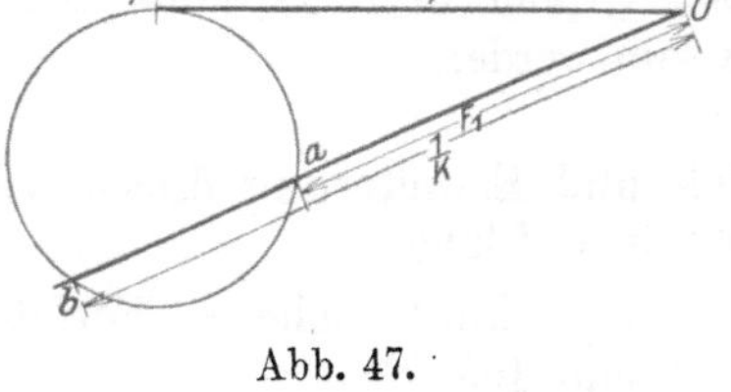

Bezeichnet (Abb. 47):

$$\overline{OP} = h_1$$

$$\overline{Ob} = \frac{1}{k}$$

$$\overline{Oa} = F_1,$$

Abb. 47.

so ist

$$\overline{OP}^2 = \overline{Oa} \cdot \overline{Ob}$$

oder

$$F_1 = k \cdot h_1^2.$$

Bezeichnet ferner (Abb. 48):

n = tg β die Querneigung des Geländes,
m = tg α die Böschungsneigung des Kunstkörperquerschnitts,

F_1 die Fläche des zum Dreieck ergänzten Querschnitts,
F die Fläche des Auf- bzw. Abtragquerschnitts,
F_0 die Fläche des Fehldreiecks,
h die Höhe des Auf- bzw. Abtrags in der Achse des Querschnitts,
h_0 bzw. t_0 die Höhe des Fehldreiecks,
h_1 die Höhe des gesamten Dreiecks,

$$k = \cfrac{1}{m\left(1 - \cfrac{n^2}{m^2}\right)},$$

so folgt aus der oben-
stehenden Gleichung

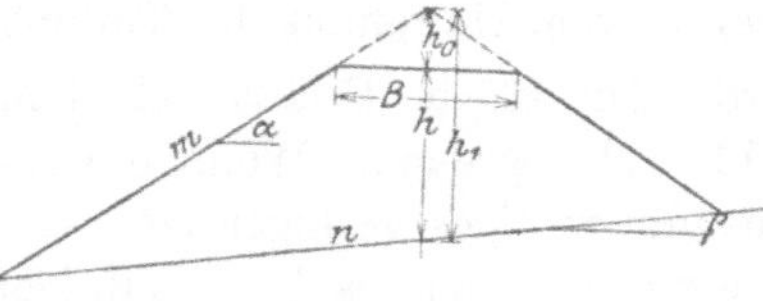

Abb. 48.

$$F_1 = \cfrac{1}{m\left(1 - \cfrac{n^2}{m^2}\right)} \cdot h_1{}^2,$$

das ist die Fläche des zum Dreieck ergänzten Querschnittes.

Man findet diese Fläche graphisch in der folgenden Weise:

Durch den Schnitt-
punkt der beiden winkel-
recht aufeinander (Abb.
49) stehenden Geraden g
und g_1 legt man einen
beliebigen Kreis. Vom
Berührungspunkt P
trägt man die Höhe
$h_1 = h + h_0$ bzw. $h + t_0$
ab. Das Quadrieren der
Werte h_1 geschieht hier
durch einen Kreis,

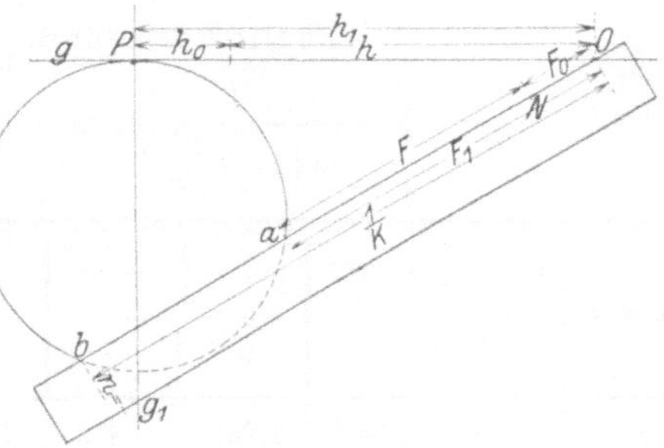

Abb. 49.

dessen Radius auf den festgesetzten Höhen- und Flächenmaßstab ohne allen Einfluß ist und so gewählt werden
kann, daß der Schnittpunkt b mit der Geraden $\overline{O\,b}$ ein möglichst
günstiger wird. Die Länge der Sekante $\overline{O\,b}$ entspricht dem Werte $\dfrac{1}{k}$

für ein konstantes m und ein variables n, der Abschnitt $\overline{O\,a}$ stellt
die Fläche des Dreiecks F_1 dar, von welcher noch das Fehldreieck
F_0 abzuziehen ist, um die in den Flächenplan zu übertragende
Fläche F zu erhalten.

Bei Benutzung eines Papierstreifens, auf dem man die Teilstriche entsprechend den Bodenneigungen aufträgt, kann man die Größe der Querschnittsfläche nicht allein als Strecke, sondern auch gleichzeitig den Zahlenwert der Fläche durch einen aufzutragenden Flächenmaßstab erhalten. Das Subtrahieren des Fehldreiecks F_0 kann dadurch geschehen, daß auf dem Papierstreifen vom Nullpunkt der Teilung aus die Größe F_0 aufgetragen wird. Die Fläche F läßt sich dann unmittelbar als Strecke $\overline{N\,a}$ (Abb. 49) abgreifen. Wenn die Neigung des natürlichen Bodens nur um weniges geringer ist als die der Kunstkörperböschung, so wird, wie man aus der nachfolgenden Tabelle entnehmen kann, der Wert von $\dfrac{1}{k}$ sehr klein, mithin die betreffende Querschnittsfläche sehr groß. Für solche Werte der Bodenneigung ist es natürlich überflüssig, die Teilstriche auf dem Maßstabe aufzutragen, da man hier in der Regel Futter- oder Stützmauern anordnen wird und daher einen anderen Weg der Flächenermittlung einschlagen muß.

$$\textbf{Tabelle der k- und }\frac{1}{k}\textbf{-Werte.}$$

$$k = \frac{1}{m\left(1 - \dfrac{n^2}{m^2}\right)}, \quad m = \operatorname{tg}\alpha, \quad n = \operatorname{tg}\beta$$

$n = \operatorname{tg}\beta$	$m = \dfrac{1}{1,5} = 0{,}667$		$m = \dfrac{1}{1,25} = 0{,}8$		$m = 1$		$m = 2$	
	k	$\dfrac{1}{k}$	k	$\dfrac{1}{k}$	k	$\dfrac{1}{k}$	k	$\dfrac{1}{k}$
0	1,500	0,667	1,250	0,800	1,000	1,000	0,500	2,000
0,1	1,535*)	0,652	1,270	0,788	1,010	0,990	0,501	1,995
0,2	1,648	0,607	1,333	0,750	1,042	0,960	0,505	1,980
0,3	1,881	0,532	1,455	0,688	1,099	0,910	0,512	1,955
0,4	2,344	0,427	1,667	0,600	1,190	0,840	0,521	1,920
0,5	3,429	0,292	2,051	0,488	1,333	0,750	0,533	1,875
0,6	16,667	0,060	2,857	0,350	1,563	0,640	0,549	1,820
0,667	∞	0,000						
0,7			5,333	0,188	1,961	0,510	0,570	1,755
0,8			∞	0,000	2,778	0,360	0,595	1,680
0,9					11,111	0,090	0,627	1,595
1					∞	0,000	0,667	1,500
2							∞	0,000

*) Die schrägstehenden Ziffern in der dritten Dezimalstelle bedeuten die Abrundung nach oben.

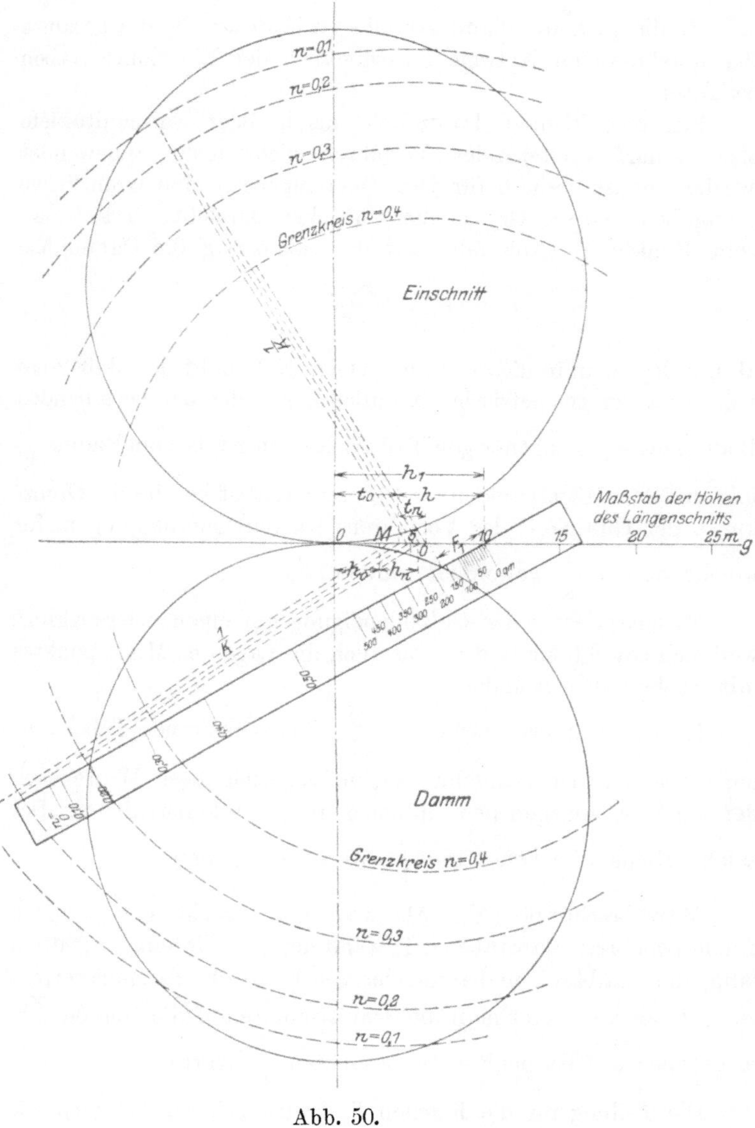

Abb. 50.

Die Grenze der Gültigkeit der allgemeinen Gleichung für reinen Damm und reinen Einschnitt tritt ein für

$$h_n = \frac{B_1 \cdot n}{2} \quad \text{und} \quad t_n = \frac{B \cdot n}{2},$$

falls B die gesamte Planumsbreite im Auftrag, B_1 die gesamte Planumsbreite im Abtrage einschließlich der Einschnittsgräben bedeutet.

Für eine kleinere Dammhöhe als h_n oder Einschnittstiefe als t_n darf vorstehendes Verfahren nicht mehr angewendet werden, es ist deshalb für jede Querneigung n eine Grenzkurve anzugeben, die die Grenze der Gültigkeit darstellt. Trägt man vom Punkte M (Abb. 50), auf der Geraden g die Dammhöhe

$$h_n = \frac{B_1 \cdot n}{2}$$

ab und legt man in diesem Punkt O den Nullpunkt des Maßstabes an, so ist der geometrische Ort aller Lagen des der betreffenden Bodenneigung n zugehörigen Teilstriches ein Kreis vom Radius $\frac{1}{k}$ und mit dem Mittelpunkt in O. Dieser Kreis ist bereits die Grenzkurve der Gültigkeit des Verfahrens bei der Querneigung n, für welche h_n und $\frac{1}{k}$ gewonnen wurden.

Es entspricht jeder Geländeneigung ein eigener Grenzkreis, weil sich sowohl der Radius als auch die Lage des Mittelpunktes mit wechselndem n ändert.

Es ist nicht erforderlich, die $\frac{1}{k}$-Werte aus einer Tabelle zu entnehmen, es ist vielmehr zweckmäßig, sich diese Werte nach der auf S. 30 angegebenen einfachen Weise zu konstruieren. Der zeichnerische Weg liefert die $\frac{1}{k}$-Werte sehr genau.

Man beschreibt (Abb. 51) über der Strecke $\overline{O\,b} = m$ in einem beliebigen Maßstabe (z. B. wählt man die Einheit $= 200\,\text{mm}$ lang) den Halbkreis und schneidet von b aus die Tangenswerte n als Sehnen ab. Lotet man die Schnittpunkte auf die Gerade $\overline{O\,b}$, so ergeben die Teilpunkte die gesuchten $\frac{1}{k}$-Werte.

Die Teilung für die Flächen F_1 findet sich sehr einfach wie folgt:

Ist der Maßstab der Höhen im Längenschnitt 1 : 250 angenommen, wird ferner der Böschungswert m in 200facher Vergrößerung aufgetragen, wobei die Einheit $= 1$ mm sei, so wird

0
50
100
200
300
400
500
600 qm
n=0,5
n=0,4
n=0,3
n=0,2
n=0,1
0
$m = \dfrac{e}{3} = 0{,}667$
$\dfrac{1}{K}$
$n = tg\beta = 0{,}3$
a
b

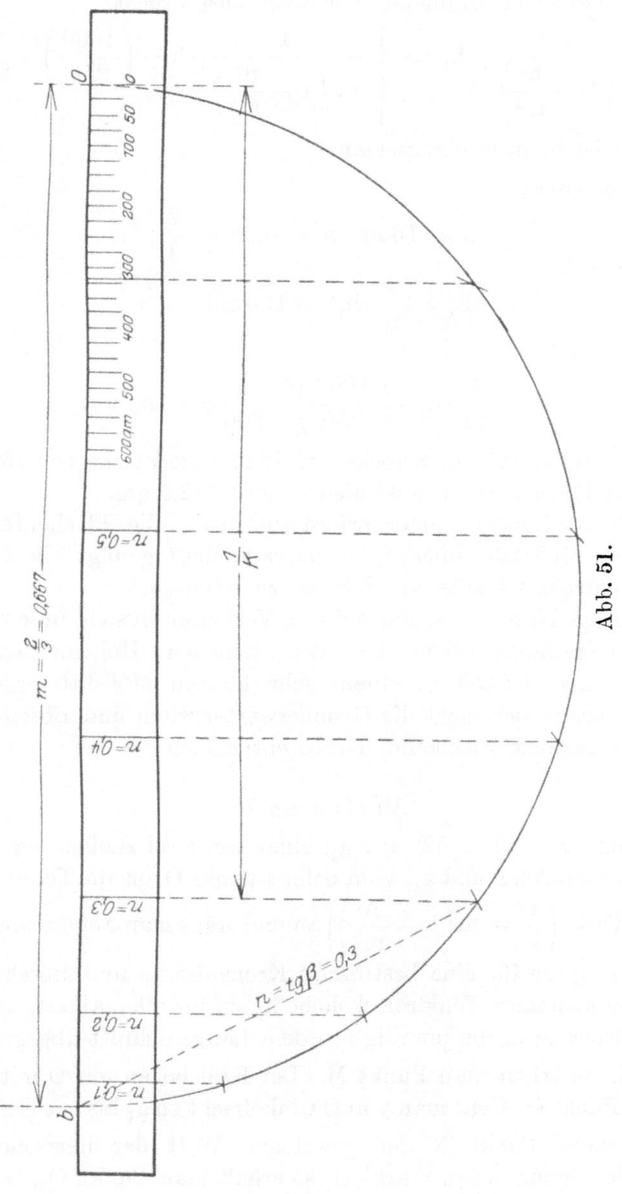

Abb. 51.

F_1 als Länge in Millimeter wie folgt ausgedrückt:

$$F_1 = \frac{1}{m\left(1 - \dfrac{n^2}{m^2}\right)} \cdot h_1{}^2 = \left[\frac{1}{m\left(1 - \dfrac{n^2}{m^2}\right)} \cdot h_1{}^2 \cdot \left(\frac{1000}{250}\right)^2 \cdot \frac{1}{200}\right] \text{mm},$$

hierbei ist h_1 in m einzusetzen.

Beispiel:

$$h_1 = 10\,\text{m}, \; n = 0, \, m = \frac{2}{3},$$

$$F_1 = \frac{1}{m} \cdot h_1{}^2 = 150\,\text{qm}$$

oder

$$F_1 = \frac{1}{m} \cdot h_1{}^2 \cdot \left(\frac{1000}{250}\right)^2 \cdot \frac{1}{200} = 12\ \text{mm}.$$

Es stellt somit die Strecke von 12 mm die Fläche von 150 qm dar, im Flächenmaßstab ist also 1 mm = 12,5 qm.

Es wird nicht immer erforderlich sein, die Flächenteilung auf dem Maßstab aufzutragen, da es zumeist genügt, die Größe der Querschnittsfläche als Strecke zu erhalten.

Einige Nachteile schließt dieses Verfahren in sich, indem sich die Querschnittsflächen bei den üblichen Höhenmaßstäben 1 : 200 und 1 : 250 in einem sehr kleinen Maßstab ergeben. Ferner lassen sich nicht die Grunderwerbsbreiten und Böschungsbreiten aus dem Flächenmaßstabe entnehmen.

Verfahren b.

Legt man (Abb. 52) auf g_1, einer von zwei zueinander senkrechten Geraden g und g_1, vom Schnittpunkt O aus die Teilung der $\dfrac{1}{k}$ - Werte $\left(\dfrac{1}{k} = m\left(1 - \dfrac{n^2}{m^2}\right)\right)$ an und trägt man auf der anderen Geraden g die für eine bestimmte Kronenbreite und Böschungsneigung konstante Fehldreieckshöhe h_0 ein für allemal auf, schlägt man ferner zu h_0 die jeweilig aus dem Längenschnitt abgegriffene Höhe h, so erhält man Punkt M. Der Kreisbogen um O mit $\overline{OM}$ liefert Punkt Q. Geht man von Q winkelrecht zu g_1 bis zur Geraden $\overline{MN}$, wobei Punkt N den jeweiligen Wert der herrschenden Geländeneigung auf g_1 markiert, so erhält man Punkt Q_1, schlägt man $\overline{QQ_1}$ zu $\overline{OQ}$ hinzu, so erhält man die Strecke $\overline{OP}$, die die

Fläche

$$F_1 = \frac{1}{m\left(1 - \dfrac{n^2}{m^2}\right)} \cdot h_1^2$$

darstellt.

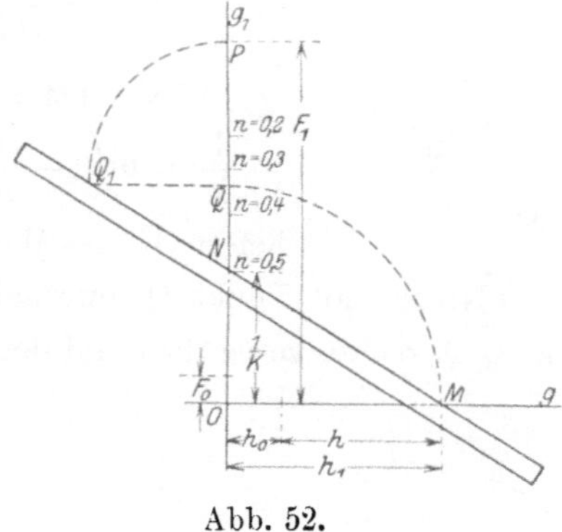

Abb. 52.

Die gleichbleibende Fläche des Fehldreiecks

$$F_0 = \frac{h_0^2}{m}$$

für Damm und

$$F_0 = \frac{t_0^2}{m} - 2\,G$$

für Einschnitt ist noch von F_1 abzuziehen, um F^d und F^e zu erhalten.

Der Wert

$$\frac{1}{m\left(1 - \dfrac{n^2}{m^2}\right)} \cdot h_1^2$$

kann, ausgedrückt durch eine Strecke, als Höhe eines dem Quadrate h_1^2 flächengleichen Rechtecks von der Grundlinie $m\left(1 - \dfrac{n^2}{m^2}\right)$ ermittelt werden.

In Abb. 53 verhält sich

$$\overline{OM} : \overline{ON} = \overline{Q\,Q_1} : \overline{N\,Q}, \quad \text{da } \triangle\,OMN \sim \triangle\,Q\,Q_1\,N,$$

ferner

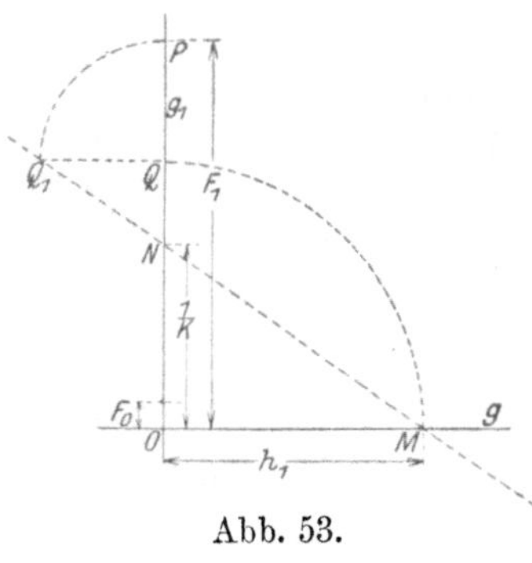

Abb. 53.

$$\overline{O\,M} : \overline{O\,N} = (\overline{O\,M} + \overline{Q\,Q_1}) :$$
$$(\overline{O\,N} + \overline{N\,Q}) = (\overline{O\,Q} + \overline{Q\,P}) :$$
$$\overline{O\,Q} = \overline{O\,P} : \overline{O\,M}$$

oder

$$\overline{O\,P} = \frac{1}{\overline{O\,N}} \cdot \overline{O\,M}^2$$

Wird $\overline{O\,M} = h_1$ und $\overline{O\,N}$ $= \dfrac{1}{k} = m\left(1 - \dfrac{n^2}{m^2}\right)$ gesetzt, so liefert $\overline{O\,P}$ das Maß der Fläche F_1.

Wird $\overline{O\,M} < \overline{O\,N}$, so daß Punkt Q unterhalb von N fällt, so liegt die Strecke $\overline{Q\,Q_1}$ rechts von g_1 bzw. auf derselben Seite wie

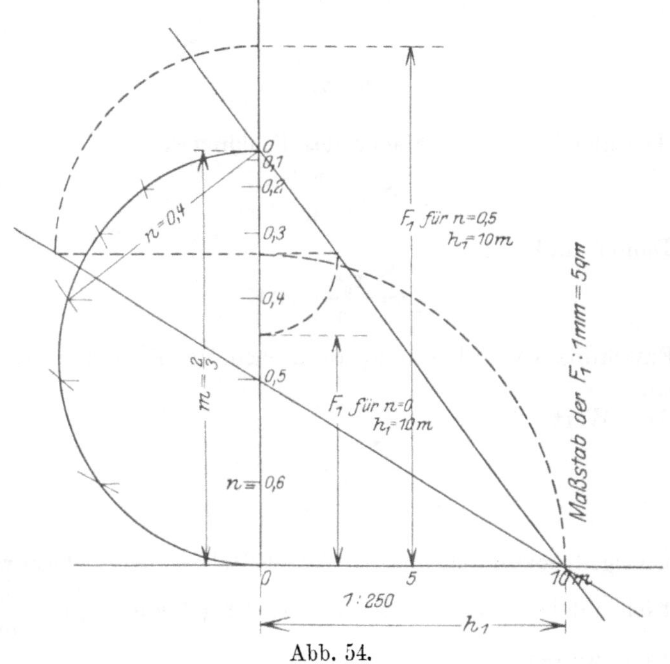

Abb. 54.

$\overline{O\,M}$ und ist dann von $\overline{O\,Q}$ abzuziehen, um zum Punkt P zu gelangen (Abb. 54). Die Maßstabseinheit, in welcher die Werte $m\left(1 - \dfrac{n^2}{m^2}\right)$

für ein gegebenes m und veränderliches n von O aus abzuschneiden sind, richtet sich wiederum nach dem gegebenen Höhenmaßstab und dem gewünschten Flächenmaßstab für den Flächenplan.

Bezeichnet p die Vergrößerung der in Millimeter ausgedrückten Werte $m\left(1 - \dfrac{n^2}{m^2}\right)$, ist der Höhenmaßstab des Längenschnittes 1 : 250 vorgeschrieben und soll im Flächenmaßstab 1 mm $=$ 5 qm darstellen, so folgt:

$$5 \text{ qm} \left(\frac{1000}{250}\right)^2 \cdot \frac{1}{p} = 1 \text{ mm}$$

oder
$$p = 5 \cdot 16 = 80.$$

Es werden somit die Werte m und n in 80facher Vergrößerung aufzutragen sein, um zu dem gewünschten Flächenmaßstab (1 mm $=$ 5 qm) zu gelangen.

Das Verfahren verliert seine Gültigkeit, wenn Anschnittsquerschnitte auftreten. Die bezüglichen Grenzwerte für Auf- und Abtrag sind wieder

$$h_n = n \cdot \frac{B_1}{2} \text{ und } t_n = \frac{n \cdot B}{2},$$

Man kann diese Grenzwerte zweckmäßig für die verschiedenen Geländeneigungen im Flächenmaßstabe kenntlich machen.

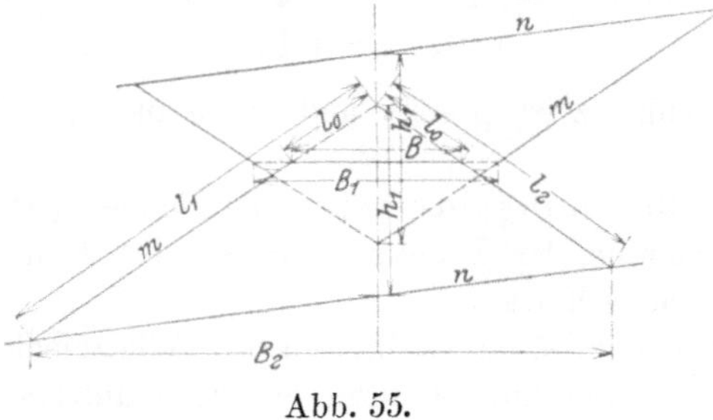

Abb. 55.

Der Maßstab eignet sich auch zur Bestimmung der Grunderwerbsbreiten und Böschungsbreiten.

α) Grunderwerbsbreiten. Bedeutet B_2 die Grunderwerbsbreite (Abb. 55), so lautet die Gleichung für die Größe von B_2 nach S. 26:

$$B_2 = \frac{2}{m\left(1 - \dfrac{n^2}{m^2}\right)} \cdot h_1 = 2\,k \cdot h_1.$$

Trägt man außer den $\dfrac{1}{k}$ -Werten noch die Konstante 2 in gleichem Maßstabe auf g_1 ab (Abb. 56), so folgt

$$\overline{O\,M} : \overline{O\,N} = \overline{L\,L_1} : \overline{L\,N}$$

oder

$$\overline{L\,L_1} = \frac{\overline{OM \cdot L\,N}}{\overline{O\,N}} = \frac{h_1\left(2 - \dfrac{1}{k}\right)}{\dfrac{1}{k}}$$

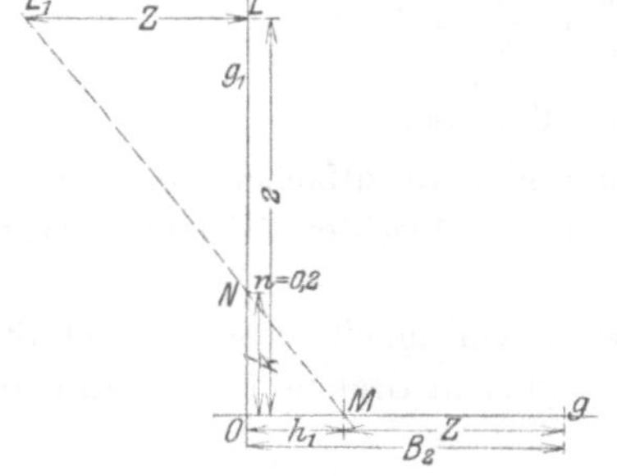

Abb. 56.   Abb. 57.

oder

$$\overline{L\,L_1} = 2\,k\,h_1 - h_1,$$
$$\overline{L\,L_1} = z = B_2 - h_1,$$

somit

$$B_2 = z + h_1.$$

Der Zuschlag z ist positiv und erscheint stets links von g_1 (Abb. 56).

β) Die Böschungsbreiten. Bezeichnet (Abb. 55):

$l_1 + l_2$ die Summe der Böschungsbreiten des zum Dreieck ergänzten Querschnittes,

$2\,l_0$ die Summe der Böschungsbreiten des Fehldreiecks,

l die Summe der Böschungsbreiten des Querschnittes,

so ist

$$l = l_1 + l_2 - 2\,l_0,$$

andrerseits ist $l_1 + l_2 = \dfrac{B_2}{\cos\alpha}$, somit folgt für die Summe

der Böschungsbreiten $l = \dfrac{B_2}{\cos\alpha} - 2\,l_0.$

Durch Ziehen des Strahles s in der aus Abb. 57 ersichtlichen Neigung ergibt sich die gesuchte Böschungsbreite l.

Verfahren c.

Dieses Verfahren reiht sich unmittelbar an die beiden vorangegangenen. Es ist dadurch noch wertvoller zu nennen, als es sich zur Bestimmung der Flächen von Anschnittsquerschnitten brauchbar erweist (vgl. S. 91).

Da in einem rechtwinkligen Dreieck das Quadrat über der Hypotenuse gleich dem Rechteck aus den beiden Hypotenusenabschnitten ist, so folgt aus Abb. 58:

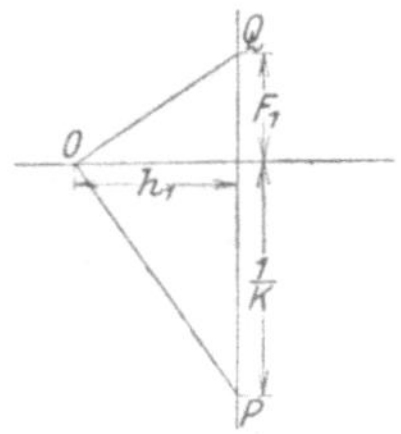

Abb. 58.

$$h_1{}^2 = F_1 \cdot \frac{1}{k}.$$

Stellt $h_1 = h + h_0$ die Größe der Höhe des zum Dreieck ergänzten Querschnitts dar und kommt die veränderliche Querneigung des Geländes durch den Wert $\frac{1}{k} = m \left(1 - \frac{n^2}{m^2}\right)$ zum Ausdruck, so ergibt F_1 die Fläche des zum Dreieck ergänzten Querschnitts des Kunstkörpers.

Die Konstruktion des Flächenmaßstabes besteht somit kurz in folgendem.

Man zeichnet zwei aufeinander senkrecht stehende Gerade g und g_1 und wählt auf g (Abb. 59) den Punkt O als Scheitel sämtlicher zur Verwendung kommenden rechten Winkel. Die $\frac{1}{k}$ -Werte trägt man auf g_1 vom Schnittpunkt nach unten ab, indem man die auf S. 44 angeführte Tabelle benutzt oder indem man mit Hilfe der auf S. 30 angegebenen Konstruktion die Teilstriche graphisch findet. Durch die Teilstriche zieht man zu g Parallele, so daß man ein System von Geraden erhält, die bei einer bestimmten Böschungsneigung den veränderlichen Querneigungen entsprechen.

Die aus dem Längenschnitt entnommenen Damm- oder Einschnittshöhen trägt man von g_1 aus auf der der jeweiligen Neigung entsprechenden Parallelen ab, in dem so erhaltenen Punkt P legt man den einen Schenkel des vom Scheitel O gelegten rechten Winkels an, der zweite Winkelschenkel schneidet dann auf der Winkelrechten von P zu g die Fläche F_1 des zum Dreieck ergänzten Querschnittes ab. Um $F = \overline{N\,Q}$ zu erhalten, ist noch die konstante Fläche F_0 des Fehldreiecks abzuziehen, was wiederum durch eine Parallele im Abstand F_0 geschieht (Abb. 59).

$$F_0 = \frac{h_0{}^2}{m} \ \text{für Damm,}$$

$$F_0 = \frac{t_0{}^2}{m} - 2 \ \text{Graben für Einschnitt.}$$

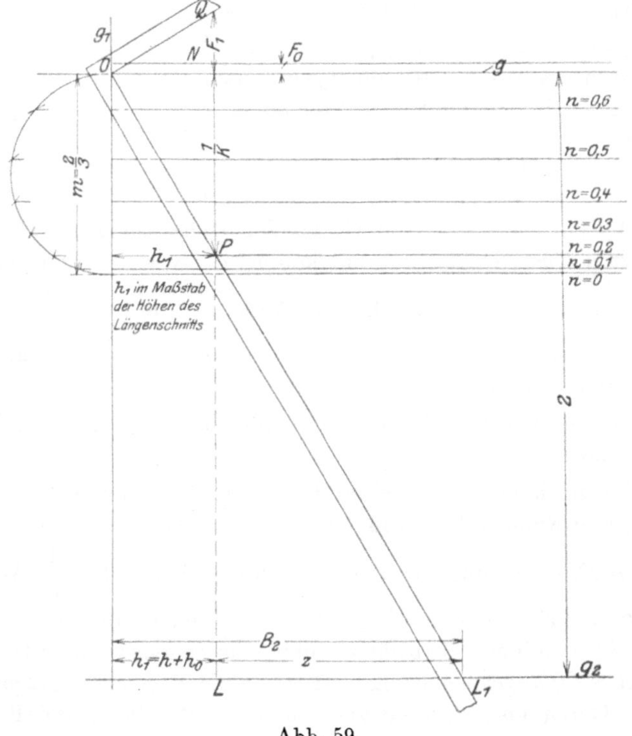

Abb. 59.

Die Grenzwerte für reinen Damm und reinen Einschnitt sind

$$h_n = n\,\frac{B_1}{2} \ \text{und} \ t_n = n\,\frac{B}{2}.$$

Für die verschiedenen Geländeneigungen kann man sie im Flächenmaßstab kenntlich machen.

Die Grunderwerbsbreiten. Die Grunderwerbsbreite B_2 (Abb. 55, S. 51) wird ausgedrückt durch die Gleichung

$$B_2 = \frac{2}{m \left(1 - \dfrac{n^2}{m^2}\right)} \cdot h_1 = 2\,k \cdot h_1;$$

zieht man im Maßstab (Abb. 59) außer den Parallelen im Abstand $\frac{1}{k}$ noch eine Parallele g_2 im Abstand 2, so folgt

$$\overline{L\,L_1} = z = B_2 - h_1$$

oder

$$B_2 = h_1 + z.$$

Die Verlängerung des Schenkels $\overline{O\,P}$ schneidet auf g_2 den Wert z ab. Addiert man hierzu den Wert der Höhe h_1, so ergibt sich auf schnellem Wege die Grunderwerbsbreite B_2.

Die Böschungsbreiten. Die Böschungsbreiten bestimmt man in der gleichen Weise wie auf S. 52.

Auch für Anschnittsquerschnitte (S. 91) ist das vorgenannte Verfahren brauchbar. Es dürfte damit neben den auf S. 94 u. f. angegebenen Verfahren zu einem der ergiebigsten gehören.

Nicht unerwähnt möge bleiben, daß ein Nachteil auf Kosten der Genauigkeit in der unmittelbaren Abhängigkeit der Maßstabseinheiten der Flächen von den Maßstabseinheiten der $\frac{1}{k}$ -Werte besteht.

2. Verfahren nach v. Glaßer.

Während bei den beschriebenen Verfahren die Genauigkeit mit wachsender Neigung des Geländes abnimmt, behält das nachfolgende Verfahren immer die gleiche Genauigkeit. Auch ist hier der Nachteil einer unmittelbaren Abhängigkeit der Maßstabseinheiten voneinander nicht vorhanden.

Die bei sämtlichen bestehenden Verfahren notwendigen Schätzungen oder Interpolationen für Werte der Neigung n, die keinen Teilstrich oder keinen Neigungsstrahl im Flächenmaßstab besitzen, fallen hier fort, es ist möglich, für jede aus dem Lageplane entnommene Neigung n die Querschnittsfläche rasch und sicher abgreifen zu können.

Der Flächenmaßstab selbst besteht nur aus einem Achsenkreuz, drei Strahlen und einem Kreise.

Es folgt hier zunächst die Ableitung der hyperbolischen Teilung des λ-Maßstabes, der zur Entnahme der Neigungen aus dem Schichtenplane erforderlich ist; alsdann wird auf die Beziehungen der λ zu den Grunderwerbsbreiten und schließlich auf die Beziehungen der λ zu den Flächeninhalten der Querschnitte eingegangen.

Bestimmung der Ordinaten λ des Neigungsplanes. Es bezeichnet (Abb. 18, S. 14):

$n = \operatorname{tg}\beta$ die Querneigung des Geländes,

$m = \operatorname{tg}\alpha$ die Böschungsneigung des Kunstkörpers,

$m_1 = \operatorname{tg}\alpha_1 < \operatorname{tg}\alpha$ eine beliebige, aber konstante Böschungsneigung,

B die Planumsbreite des Kunstkörpers,

B_1 die bis zur Einschnittsböschung verlängerte Planumsbreite B,

B_2 die ganze Breite eines Kunstkörperquerschnittes,

h die Höhe des Ab- bzw. Auftrages in der Achse des Kunstkörpers,

h_0 den senkrechten Abstand des Schnittpunktes der verlängerten
Dammböschungen von dem Planum,

t_0 den senkrechten Abstand des Schnittpunktes der verlängerten
Einschnittsböschungen von dem Planum,

$h_1 = h + h_0$ bzw. $h + t_0$ die Höhe des gesamten **Dreiecks**.

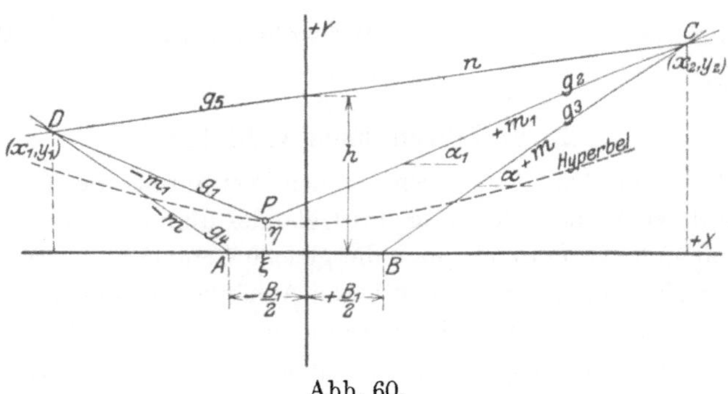

Abb. 60.

Vorgelegt ist der Querschnitt A B C D, Abb. 60. Man legt durch die Schnittpunkte der Geländelinie und der Böschungslinien, C und D, je eine Gerade g_2 und g_1, die unter dem gleichen konstanten Winkel α_1 gegen die Wagerechte gelegen sind, wobei $\alpha_1 < \alpha$, aber sonst beliebig ist. Der Schnittpunkt der Geraden g_1 und g_2 ist P.

Ändert sich die Querneigung n bei konstanter Abtragshöhe h, so bewegen sich die Punkte C und D auf der Geraden g_3 bzw. g_4, dabei beschreibt Punkt P die Kurve $\eta = f(\xi)$.

Für ein rechtwinkliges Koordinatensystem, dessen X-Achse mit der Planumslinie und dessen Y-Achse mit der Bahnachse zusammenfällt, folgt die Gleichung der Geraden g_3 (Abb. 60):

$$x = \frac{y}{m} + \frac{B_1}{2} \qquad 1)$$

die Gleichung der Geraden g_5:

$$y = n\,x + h \qquad 2)$$

wobei h den Abschnitt auf der Y-Achse darstellt.

Die Gleichung der Geraden g_4:

$$x = -\frac{y}{m} - \frac{B_1}{2} \qquad 3)$$

Aus den Gleichungen 1), 2) und 3) folgen für den Schnittpunkt (x_2, y_2) der Geraden g_3 und g_5:

$$x_2\left(1 - \frac{n}{m}\right) = \frac{h}{m} + \frac{B_1}{2} \qquad 4)$$

und

$$y_2\left(1 - \frac{n}{m}\right) = h + n\frac{B_1}{2} \qquad 5)$$

für den Schnittpunkt (x_1, y_1) der Geraden g_4 und g_5:

$$x_1\left(1 + \frac{n}{m}\right) = -\frac{B_1}{2} - \frac{h}{m} \qquad 6)$$

und

$$y_1\left(1 + \frac{n}{m}\right) = h - n\frac{B_1}{2} \qquad 7)$$

Durch die Schnittpunkte (x_2, y_2) und (x_1, y_1) führt man die Geraden g_2 und g_1, die mit der Horizontalen den Winkel α_1 bzw. $180^0 - \alpha_1$ einschließen, deren Richtungskoeffizienten also $+ m_1$ und $- m_1$ sind.

Für die Gleichung der Geraden g_2 folgt, falls ξ und η die laufenden Koordinaten bedeuten,

$$\eta - y_2 = m_1\,(\xi - x_2), \qquad 8)$$

für die Gleichung der Geraden g_1:

$$\eta - y_1 = - m_1\,(\xi - x_1). \qquad 9)$$

Durch Subtraktion und Addition der Gleichungen 8) und 9) folgt:

$$y_2 - y_1 = - 2\,m_1\,\xi + m_1\,(x_2 + x_1)$$

und

$$2\,\eta = y_2 + y_1 - m_1\,(x_2 - x_1),$$

oder

$$2\,m_1\,\xi = y_1 - y_2 + m_1\,(x_2 + x_1) \qquad\qquad 10)$$

und

$$2\,\eta = y_1 + y_2 - m_1\,(x_2 - x_1). \qquad\qquad 11)$$

Aus den Gleichungen 4) bis 7) ergibt sich:

$$x_2 - x_1 = \frac{\dfrac{2\,h}{m} + B_1}{1 - \dfrac{n^2}{m^2}}\,,$$

$$x_2 + x_1 = \frac{\dfrac{h}{m} + \dfrac{B_1}{2}}{1 - \dfrac{n}{m}} - \frac{\dfrac{B_1}{2} + \dfrac{h}{m}}{1 + \dfrac{n}{m}} = \frac{\dfrac{n}{m}\left(\dfrac{2\,h}{m} + B_1\right)}{1 - \dfrac{n^2}{m^2}}\,;$$

für Gleichung 10) erhält man:

$$2\,m_1\,\xi = \frac{h - n\dfrac{B_1}{2}}{1 + \dfrac{n}{m}} - \frac{h + n\dfrac{B_1}{2}}{1 - \dfrac{n}{m}} + m_1\frac{\dfrac{n}{m}\left(B_1 + \dfrac{2\,h}{m}\right)}{1 - \dfrac{n^2}{m^2}}$$

$$= \frac{- n\left(B_1 + \dfrac{2\,h}{m}\right)}{1 - \dfrac{n^2}{m^2}} + m_1\frac{\dfrac{n}{m}\left(B_1 + \dfrac{2\,h}{m}\right)}{1 - \dfrac{n^2}{m^2}}$$

oder

$$2\,m_1\,\xi = \frac{n\dfrac{m_1}{m}\left(B_1 + \dfrac{2\,h}{m}\right) - n\left(B_1 + \dfrac{2\,h}{m}\right)}{1 - \dfrac{n^2}{m^2}} \qquad\qquad 12)$$

Andrerseits folgt für Gleichung 11):

$$2\,\eta = \frac{2\,h + \dfrac{n^2\,B_1}{m}}{1 - \dfrac{n^2}{m^2}} - m_1\frac{\dfrac{2\,h}{m} + B_1}{1 - \dfrac{n^2}{m^2}}$$

oder

$$2\,\eta = \frac{2\,h + \dfrac{n^2\,B_1}{m} - m_1\left(\dfrac{2\,h}{m} + B_1\right)}{1 - \dfrac{n^2}{m^2}} \qquad 13)$$

Aus den Gleichungen 12) und 13):

$$2\,m_1\,\xi\left(1 - \frac{n^2}{m^2}\right) = n\left(B_1 + \frac{2\,h}{m}\right)\left(\frac{m_1}{m} - 1\right)$$

und

$$2\,\eta\left(1 - \frac{n^2}{m^2}\right) = 2\,h + \frac{n^2\,B_1}{m} - m_1\left(\frac{2\,h}{m} + B_1\right)$$

ergibt sich:

$$\frac{m^2 - n^2}{n} = \frac{m^2\left(B_1 + \dfrac{2\,h}{m}\right)\left(\dfrac{m_1}{m} - 1\right)}{2\,m_1\,\xi} \qquad 14)$$

$$n^2 = \frac{2\,\eta - 2\,h + m_1\left(\dfrac{2\,h}{m} + B_1\right)}{\dfrac{2\,\eta}{m^2} + \dfrac{B_1}{m}} \qquad 15)$$

Die Gleichungen 14) und 15) stellen die Parametergleichungen der Kurve $\eta = f(\xi)$ dar, die Parametergröße ist n.

Aus Gleichung 10) und 11) folgt durch Subtraktion:

$$m_1\,\xi - \eta = m_1\,x_2 - y_2, \qquad 16)$$

Substituiert man die Werte für x_2, y_2 der Gleichungen 4) und 5), so folgt:

$$m_1\,\xi - \eta = m_1\left(\frac{\dfrac{h}{m} + \dfrac{B_1}{2}}{1 - \dfrac{n}{m}}\right) - \frac{h + n\,\dfrac{B_1}{2}}{1 - \dfrac{n}{m}} \qquad 17)$$

Aus den Gleichungen 10) und 11) ergibt sich durch Addition:

$$m_1\,\xi + \eta = \frac{h - n\,\dfrac{B_1}{2}}{1 + \dfrac{n}{m}} + m_1\,\frac{\left(-\dfrac{B_1}{2} - \dfrac{h}{m}\right)}{1 + \dfrac{n}{m}} \qquad 18)$$

Die Gleichungen 17) und 18) lassen sich auch schreiben:

$$(m_1 \xi - \eta)\left(1 - \frac{n}{m}\right) = m_1\left(\frac{h}{m} + \frac{B_1}{2}\right) - \left(h + n\frac{B_1}{2}\right)$$

$$(m_1 \xi + \eta)\left(1 + \frac{n}{m}\right) = \left(h - n\frac{B_1}{2}\right) + m_1\left(-\frac{B_1}{2} - \frac{h}{m}\right); \qquad 19)$$

multipliziert man diese beiden Gleichungen miteinander, so erhält man:

$$(m_1{}^2 \xi^2 - \eta^2)\left(1 - \frac{n^2}{m^2}\right) = m_1\left(\frac{h}{m} + \frac{B_1}{2}\right)\left(h - n\frac{B_1}{2}\right)$$

$$- \left(h + n\frac{B_1}{2}\right)\left(h - n\frac{B_1}{2}\right) + m_1{}^2\left(\frac{h}{m} + \frac{B_1}{2}\right)\left(-\frac{B_1}{2} - \frac{h}{m}\right)$$

$$- m_1\left(h + n\frac{B_1}{2}\right)\left(-\frac{B_1}{2} - \frac{h}{m}\right)$$

oder

$$(m_1{}^2 \xi^2 - \eta^2)\left(1 - \frac{n^2}{m^2}\right) = m_1\left(\frac{h}{m} + \frac{B_1}{2}\right)\left[h - n\frac{B_1}{2} + h + n\frac{B_1}{2}\right]$$

$$- \left(h^2 - \frac{n^2 B_1{}^2}{4}\right) - m_1{}^2\left(\frac{h}{m} + \frac{B_1}{2}\right)^2$$

oder

$$(m_1{}^2 \xi^2 - \eta^2)\left(1 - \frac{n^2}{m^2}\right) = 2\,h\,m_1\left(\frac{h}{m} + \frac{B_1}{2}\right) - m_1{}^2\left(\frac{h}{m} + \frac{B_1}{2}\right)^2$$

$$- \left(h^2 - \frac{n^2 B_1{}^2}{4}\right) \qquad 20)$$

Läßt man in der Gleichung 15) $n = 0$ werden, so liefert diese Gleichung den Abschnitt auf der Y-Achse. Aus Gleichung 15) ergibt sich für $n = 0$

$$2\,\eta_0 - 2\,h + m_1\left(\frac{2\,h}{m} + B_1\right) = 0\,,$$

oder

$$\eta_0 = h - \frac{m_1\left(\dfrac{2\,h}{m} + B_1\right)}{2} \qquad 21)$$

Dem Werte $n = 0$ und

$$\eta_0 = h - \frac{m_1\left(\dfrac{2\,h}{m} + B_1\right)}{2}$$

muß die Gleichung 20) genügen, sie geht über in

$$(m_1{}^2\,\xi^2 - \eta^2) = 2\,h\,(h - \eta_0) - (h - \eta_0)^2 - h^2$$

oder

$$\eta^2 - m_1{}^2\,\xi^2 - \eta_0{}^2 = 0 \qquad 22)$$

Man erhält die Mittelpunktsgleichung einer Hyperbel mit den Achsen:

$$a = \eta_0$$

$$b = \frac{\eta_0}{m_1}.$$

Während somit die Punkte C und D (Abb. 60) auf den Geraden g_3 und g_4 sich bewegen, durchläuft Punkt P eine Hyperbelbahn.

Da η_0 sich mit der Einschnittstiefe oder Dammhöhe h ändert, so ergeben sich auch bei konstantem B_1, m und m_1 für verschiedene h auch verschiedene aber bestimmte Hyperbeln.

Folgerung: Bei konstantem B_1 oder B, m und m_1 gehört zu jeder Einschnittstiefe oder Dammhöhe eine bestimmte Hyperbel. Zu jedem Punkt der Hyperbel gehört eine bestimmte Querneigungslinie.

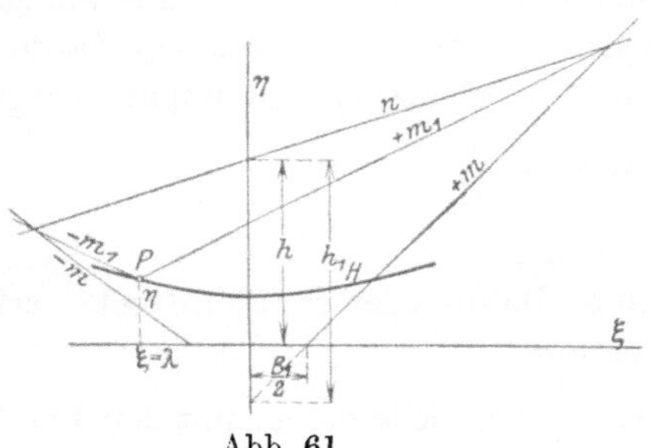

Abb. 61.　　　　　Abb. 62.

Durch die Lage der Querneigungslinie und die Größe der Einschnittstiefe oder Dammhöhe ist die Gestalt und Größe der Querschnittes bestimmt.

Während Punkt P (Abb. 61) innerhalb des Querschnitts auf der Hyperbel H sich bewegt, nimmt die Querneigung n alle Werte zwischen $+$ m und $-$ m an. Bezeichnet man den Abstand des Punktes P von der η-Achse mit λ, so folgt, da $\xi = \lambda$,

$$\lambda = \frac{n\left(m - \dfrac{m^2}{m_1}\right)}{2\,(m^2 - n^2)}\left(B_1 + \frac{2\,h}{m}\right)$$

oder, da

$$B_1 + \frac{2\,h}{m} = \frac{2\,h_1}{m}$$

ist,

$$\lambda = \frac{n\left(1 - \dfrac{m}{m_1}\right)}{m^2 - n^2} \cdot h_1 \qquad\qquad 23)$$

Trägt man im Lageplan die λ für verschiedene Querschnitte senkrecht zur Bahn- oder Straßenachse ab (Abb. 62), oder im Längenschnitt an Lotrechten im jeweiligen Querschnitt von einer gemeinschaftlichen Geraden aus, so erhält man den Neigungsplan (Abb. 62 und Abb. 12, S. 9), der ein anschauliches Bild der Querneigungen des Geländes längs der Linienführung gibt.

Die Konstruktion des λ-Maßstabes für ein konstantes h_1. m und m_1, aber für ein variables n gestaltet sich wie folgt:

Konstruktion des λ-Maßstabes. In einem gegebenen Einschnittsquerschnitte (oder auch Dammquerschnitte), Abb. 63, Tafel I, trägt man von dem Schnittpunkt der Böschungslinien auf der Querschnittsachse die beliebige aber konstante Höhe $h'_1 = h_0 + h$ ab; durch den erhaltenen Schnittpunkt legt man die Geländelinie $n = \operatorname{tg}\beta = \dfrac{s}{B_c}$.

s bedeutet die Schichtenhöhe,

B_c die für eine bestimmte Bahn- oder Straßenstrecke erforderliche größte Breite (s. S. 8).

Durch die Schnittpunkte der Geländelinie mit den Böschungslinien C und D, Abb. 63, führt man die Geraden von der Richtung $+ m_1$ und $- m_1$ und bringt sie zum Schnitt, der Schnittpunkt heißt P. Der Abstand des Punktes P von der Achse ist für einen Wert von n die gesuchte Ordinate λ des Neigungsplanes.

Konstruiert man die λ für eine Anzahl Neigungen von $n = + m$ bis $n = - m$ und trägt man die λ auf einer Geraden ab, zieht man ferner im Abstande B_c symmetrisch zur Achse und parallel zu dieser die zwei Geraden b b, so ergibt sich der auf S. 10 in seiner Anwendung beschriebene λ-Maßstab.

Die Breite B_c ist im jeweiligen Maßstab des Lageplanes aufzutragen, die λ sind also unabhängig von dem Maßstabe des Lageplanes. Wie bereits auf S. 11 erwähnt wurde, kann derselbe

Additional information of this book

(Die graphischen Verfahren zur Ermittelung der
Querschnittsflächen, der Grunderwerbs- und
Böschungsbreiten von Bahn- und Straßenkörpern);
978-3-662-24118-9_OSFO) is provided

http://Extras.Springer.com

λ-Maßstab für jeden beliebigen Lageplan benutzt werden, falls nur die Breite B_c im Maßstab des vorhandenen Lageplanes aufgetragen wird.

Tabelle zur Konstruktion der Teilung des λ-Maßstabes
(Abb. 14, S. 11 und Abb. 63, Tafel I).

$$\lambda = \frac{n}{m^2 - n^2} \cdot \left(1 - \frac{m}{m_1}\right) \cdot h_1'$$

Querneigung	Anzahl der wagerechten Abstände q der Schichtenlinien für $B_c =$			$m = \dfrac{2}{3},\ m_1 = \dfrac{1}{2}$, $h_1' = 25$	$m = 1,\ m_1 = \dfrac{1}{2}$, $h_1' = 25$	$m = 2,\ m_1 = \dfrac{1}{2}$, $h_1' = 25\,m$
n	40 m	20 m	10 m	λ	λ	λ
	q =	q =	q =			
1:40	1			0,469	0,625	0,46*9*
2:40	2	1		0,94*3**)	1,253	0,938
3:40	3			1,424	1,88*6*	1,408
4:40	4	2	1	1,918	2,525	1,88*0*
5:40	5			2,429	3,17*5*	2,35*3*
6:40	6	3		2,962	3,836	2,828
7:40	7			3,52*4*	4,513	3,307
8:40	8	4	2	4,12*1*	5,208	3,78*8*
9:40	9			4,76*1*	5,92*5*	4,27*3*
10:40	10	5		5,454	6,667	4,76*2*
11:40	11			6,213	7,437	5,25*6*
12:40	12	6	3	7,053	8,24*2*	5,754
13:40	13			7,993	9,085	6,259
14:40	14	7		9,059	9,97*2*	6,77*0*
15:40	15			10,285	10,909	7,287
16:40	16	8	4	11,718	11,905	7,81*3*
17:40	17			13,424	12,967	8,34*6*
18:40	18	9		15,49*9*	14,107	8,887
19:40	19			18,08*9*	15,33*5*	9,43*9*
20:40	20	10	5	21,42*8*	16,66*7*	10,000

Die λ sind, sofern sie im Lageplan vermerkt werden sollen, stets auf der Seite der tiefliegenden Schichtenlinien festzulegen, die Gefällverhältnisse werden dadurch deutlich zur Anschauung gebracht.

Im Längenschnitt erscheint es ratsam, zur weiteren vereinfachten Anwendung des Flächenmaßstabes die λ so einzutragen, daß sie bei Einschnitt von einer Parallelen zur Planumslinie im Abstand t_0 (Tiefe des Fehldreiecks bei Einschnitt) und bei Damm von der Parallelen zur Planumslinie im Abstand h_0 (Höhe des Fehl-

---

*) Die schrägstehenden Ziffern in der dritten Dezimalstelle bedeuten die Abrundung nach oben.

dreiecks bei Damm) aus auf den Lotrechten im jeweiligen Querschnitt erscheinen (Abb. 65, S. 65).

Grunderwerbsbreitenmaßstab. Die mit Hilfe des λ-Maßstabes gefundenen Ordinaten des Neigungsplanes sind für eine konstante Einschnitts- oder Dammhöhe bestimmt, zur Grunderwerbsbreiten- und Flächenbestimmung müssen sie im Verhältnis der Höhen $\dfrac{h_1'}{h_1}$ verkleinert oder vergrößert werden.

Bleibt n, m und m_1 konstant, ändert sich aber h_1, so ändert sich mit h_1 die Ordinate λ.

In Abb. 64 ist:

$$\overline{D\,E} \parallel \overline{D'\,E'}: \quad \text{Richtung} \; -m_1 \; \text{nach Konstruktion,}$$
$$\overline{C\,E} \parallel \overline{C'\,E'}: \qquad\quad \text{,,} \qquad +m_1 \quad \text{,,} \qquad\qquad \text{,,}$$
$$\overline{D\,C} \parallel \overline{D'\,C'} \quad \text{nach Voraussetzung.}$$

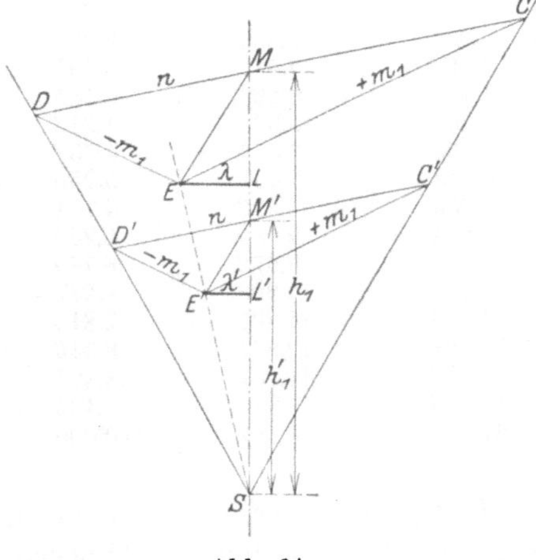

Abb. 64.

Das Dreieck D C E ist somit perspektivisch ähnlich dem Dreieck D' C' E', die Ecken liegen infolgedessen auf Strahlen eines Büschels, dessen Scheitel S genannt ist.

Da in perspektivisch ähnlichen Figuren

1. die Schnittpunkte entsprechender Geraden mit einem Ähnlichkeitsstrahl entsprechende Gebilde darstellen, so ist auch M M' ein entsprechendes Punktepaar; da ferner

2. die Verbindungsgeraden zweier Punkte der einen Figur und der entsprechenden Punkte der anderen Figur entsprechende Gebilde darstellen, wobei die Verbindungsgeraden parallel sind, so folgt:

$$\overline{E\,M} \parallel \overline{E'\,M'}.$$

Da ferner $\lambda \parallel \lambda'$ nach Konstruktion, so sind auch L L' ein entsprechendes Punktepaar. Es verhält sich daher:

$$\overline{S\,E'} : \overline{S\,E} = \overline{S\,M'} : \overline{S\,M} = h'_1 : h_1$$

oder

$$\overline{S\,E'} : \overline{S\,E} = \lambda' : \lambda,$$

daher auch

$$\lambda' : \lambda = h_1{}' : h_1.$$

Die Größen λ sind somit proportional den Höhen des zum Dreieck ergänzten Querschnittes.

Daraus folgt, daß für jeden Querschnitt das für eine beliebige, aber konstante Höhe h_1' gefundene λ' im Verhältnis der Höhen $\dfrac{h_1{}'}{h_1}$ zu reduzieren ist. Erst die reduzierten λ-Ordinaten des Neigungsplanes bestimmen mit dem entsprechenden h_1 eindeutig die Größe der Grunderwerbsbreiten und der Querschnittsflächen.

Trägt man die ermittelten λ' unter der im Höhenabstand t_0 zur Planumslinie gezogenen Parallelen p_1 im Längenschnitt ab (Abb. 65) und zieht man zur Planumslinie die Parallele p_2, die von p_1 den Höhenabstand der konstanten Einschnittshöhe h_1' hat, für welche der λ-Maßstab konstruiert war, so lassen sich die Ordinaten des Neigungsplanes den h_1 entsprechend wie folgt bestimmen.

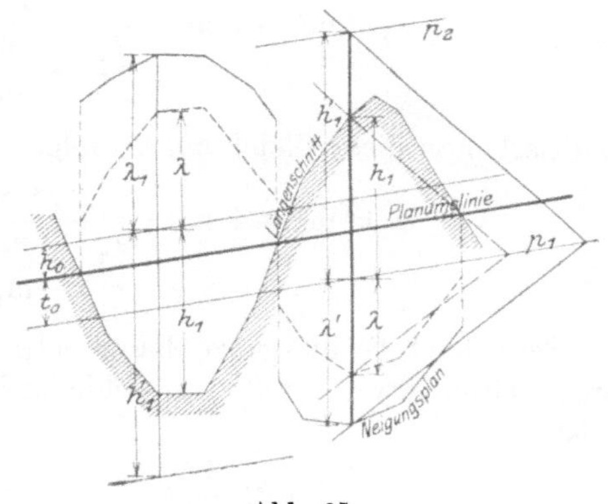

Abb. 65.

Man legt durch die Endpunkte von h_1' und λ' einen beliebigen Winkel derart, daß sein Scheitel auf der Geraden p_1 liegt. Bewegt man nun den Winkel so, daß sein Scheitel auf p_1 hingleitet, während die Schenkel parallel bleiben, so ergibt sich das zu h_1 zugehörige reduzierte λ.

a) Die ganzen Breiten. Nach Gleichung 23) S. 62 war

$$\lambda = \frac{n\left(1 - \dfrac{m}{m_1}\right)}{m^2 - n^2} \cdot h_1$$

oder

$$\lambda = \frac{n\,h_1\left(1 - \dfrac{m}{m_1}\right)}{m} \cdot \frac{m}{m^2 - n^2}\,.$$

Setzt man

$$\frac{m}{m^2 - n^2} = k,\ \text{also}\ n = \sqrt{m^2 - \frac{m}{k}}\,,$$

so folgt

$$\lambda = n\,\frac{h_1}{m}\left(1 - \frac{m}{m_1}\right)k$$

$$= k\,\sqrt{\left(m^2 - \frac{m}{k}\right)} \cdot \frac{h_1}{m} \cdot \left(1 - \frac{m}{m_1}\right)$$

oder

$$\sqrt{k^2\,m^2 - k\,m} = \frac{\lambda}{\left(1 - \dfrac{m}{m_1}\right)\dfrac{h_1}{m}}\,;$$

quadriert man diese Gleichung, so folgt

$$k^2\,m^2 - k\,m = \frac{\lambda^2 \cdot m^2}{\left(1 - \dfrac{m}{m_1}\right)^{2} h_1^{\,2}} \qquad 24)$$

Bezeichnet B_2 die ganze Bahn- oder Straßenbreite oder die ganze Grunderwerbsbreite ausschließlich der Schutzstreifen, so ist

$$B_2 = \frac{2\,\dfrac{1}{m}}{1 - \dfrac{n^2}{m^2}} \cdot h_1 \ \text{nach S. 26}$$

oder

$$B_2 = \frac{2\,m}{m^2 - n^2} \cdot h_1 = 2\,k\,h_1$$

oder

$$k = \frac{B_2}{2\,h_1}\,.$$

Setzt man den Wert für k in die Gleichung 24) ein, so ergibt sich

$$\frac{B_2{}^2\,m}{4\,h_1{}^2} - \frac{B_2}{2\,h_1} = \frac{\lambda^2\,m}{\left(1 - \dfrac{m}{m_1}\right)^2 h_1{}^2}$$

oder

$$\frac{B_2{}^2}{4\,h_1{}^2} - \frac{B_2}{2\,h_1\,m} = \frac{\lambda^2}{\left(1 - \dfrac{m}{m_1}\right)^2 h_1{}^2}\,;$$

man erhält die Gleichung zur Ermittlung der Grunderwerbsbreiten

$$B_2\left(B_2 - \frac{2\,h_1}{m}\right) = \frac{4\,\lambda^2}{\left(1 - \dfrac{m}{m_1}\right)^2} \qquad 25)$$

Falls h_1 als konstant angesehen wird, stellt diese Gleichung
$B_2 = f(\lambda)$ die Scheitelgleichung einer Hyperbel dar von der
Form

$$x\,(x - 2\,a) = \frac{y^2 \cdot a^2}{b^2},$$

die Halbachsen sind

$$a = \frac{h_1}{m}$$

$$b = \frac{h_1}{2\,m}\left(1 - \frac{m}{m_1}\right).$$

Die graphische Ermittlung der Werte B_2 gestaltet sich
wie folgt:

Vom Ursprung O eines rechtwinkligen Koordinatensystems
zieht man die Strahlen s_1 mit dem Richtungskoeffizienten $\dfrac{1}{m}$, s_2
unter 45^0 und s_3 mit dem Richtungskoeffizienten $\dfrac{2}{1 - \dfrac{m}{m_1}}$.

Für ein gegebenes h_1 und ein zugehöriges λ erhält man mit
Hilfe der 3 Strahlen die Punkte P und M (Abb. 66). Die gebrochene
Linie $\overline{PMO}$ stellt die gesuchte Grunderwerbsbreite B_2 dar;
denn beschreibt man um M mit $\overline{MO}$ als Radius einen Kreis
(Abb. 67), so folgt:

$$\overline{PO}^2 = \overline{PN} \cdot \overline{PN}' \text{ als Potenz des Kreises,}$$

$$\overline{PN}' = \overline{PN} - (\overline{MN} + \overline{MN}') \text{ nach Konstruktion.}$$

Ferner ist $\overline{OM} = \overline{MN} = \overline{MN}' = \dfrac{h_1}{m}$ nach Konstruktion,

ebenso $\qquad \overline{PO} = \lambda \dfrac{2}{1 - \dfrac{m}{m_1}}$ nach Konstruktion,

folglich

$$\dfrac{4\lambda^2}{\left(1 - \dfrac{m}{m_1}\right)^2}$$

$$= \overline{PN}\left(\overline{PN} - \dfrac{2h_1}{m}\right);$$

da weiterhin

$$\overline{PN} = \overline{PM} + \overline{MO}$$

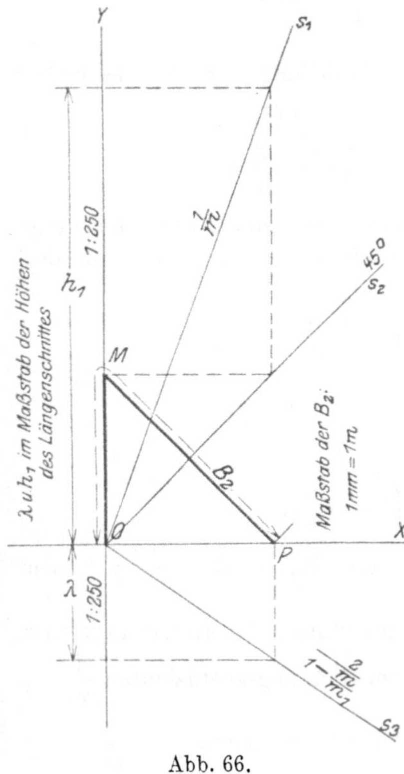

Abb. 66.

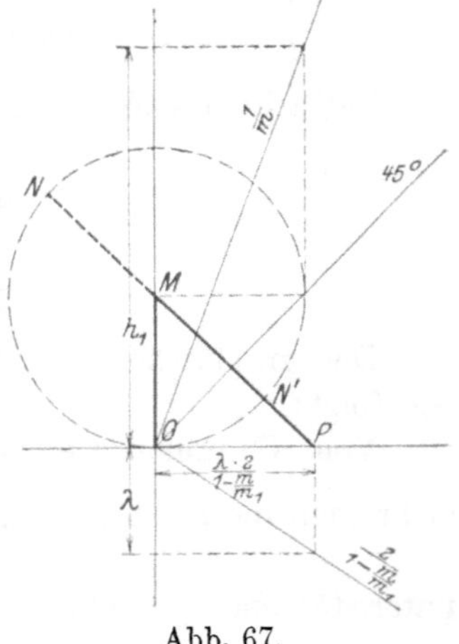

Abb. 67.

nach Konstruktion, so ist

$$(\overline{PM} + \overline{MO})\left(\overline{PM} + \overline{MO} - \dfrac{2h_1}{m}\right) = \dfrac{4\lambda^2}{\left(1 - \dfrac{m}{m_1}\right)^2}.$$

Vergleicht man hiermit die Gleichung 25), so folgt die gesuchte Breite

$$\overline{PM} + \overline{MO} = B_2.$$

b) **Die Breiten rechts und links von der Achse.** Im vorangehenden war die Summe der beiden Abstände der Kunstkörpergrenze von der Achse gefunden worden. Bei horizontalem Terrain sind die Abstände gleich, bei geneigtem jedoch verschieden. Bei Damm liegt der große Abstand auf der abfallenden Seite, der kleine auf der ansteigenden Seite des Geländes, bei Einschnitten umgekehrt.

Die Breiten der Grunderwerbsstreifen rechts und links der Achse ergeben sich wie folgt:

Nach S. 57 Gleichung 4) ist die Abszisse des Schnittpunktes $(x_2,\ y_2)$ der Geraden g_3 und g_5

$$x_2 = \frac{\dfrac{h}{m} + \dfrac{B_1}{2}}{1 - \dfrac{n}{m}},$$

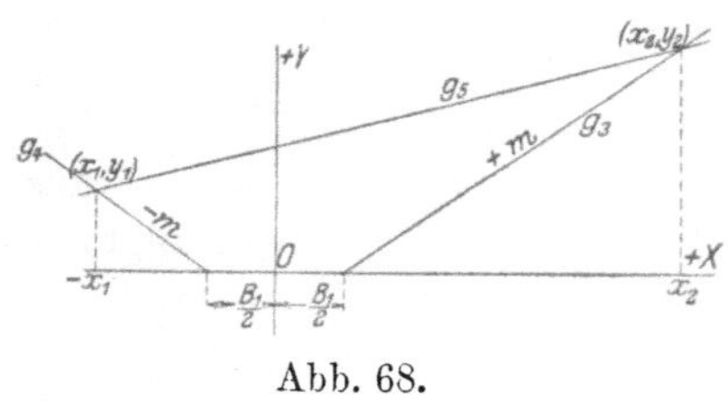

Abb. 68.

ebenso folgt aus Gleichung 6) für die Abszisse des Schnittpunktes $(x_1,\ y_1)$ der Geraden g_4 und g_5

$$x_1 = -\ \frac{\dfrac{B_1}{2} + \dfrac{h}{m}}{1 + \dfrac{n}{m}}.$$

Man erhält

$$x_1 \cdot x_2 = \frac{\left(\dfrac{h}{m} + \dfrac{B_1}{2}\right)\left(-\dfrac{B_1}{2} - \dfrac{h}{m}\right)}{1 - \dfrac{n^2}{m^2}} \qquad 26)$$

Nach Abb. 68 ist

$$x_2 - x_1 = B_2, \qquad\qquad 27)$$

aus Gleichung 26) folgt:

$$x_1 \cdot x_2 = \frac{-\left(\dfrac{h}{m} + \dfrac{B_1}{2}\right)^2}{\dfrac{m^2 - n^2}{m^2}} = -\left(\dfrac{h}{m} + \dfrac{B_1}{2}\right)^2 \cdot k \cdot m,$$

worin $k = \dfrac{m}{m^2 - n^2}$ bedeutet.

Nach S. 66 ist

$$k = \frac{B_2}{2\,h_1},$$

ferner ist

$$\frac{h}{m} + \frac{B_1}{2} = \frac{h_1}{m},$$

somit

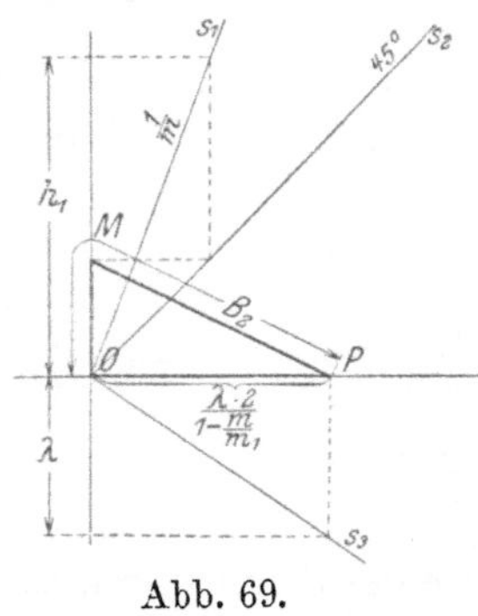

Abb. 69.

$$x_1 \cdot x_2 = -\,m \left(\frac{h_1}{m}\right)^2 \cdot \frac{B_2}{2\,h_1}$$
$$= -\,\frac{B_2\,h_1}{2\,m}. \qquad 28)$$

Aus den Gleichungen 27) und 28) folgt:

$$x_2\,(x_2 - B_2) = -\,\frac{B_2 \cdot h_1}{2\,m}$$

oder

$$x_2{}^2 - B_2\,x_2 + \frac{B_2 \cdot h_1}{2\,m} = 0,$$

oder

$$x_2 = \frac{B_2}{2} \pm \frac{1}{2}\sqrt{B_2\left(B_2 - \frac{2\,h_1}{m}\right)}, \qquad 29)$$

ebenso

$$x_1 = -\,\frac{B_2}{2} \pm \frac{1}{2}\sqrt{B_2\left(B_2 - \frac{2\,h_1}{m}\right)} \qquad 30)$$

Nach Gleichung 25) S. 67 ist

$$B_2\left(B_2 - \frac{2\,h_1}{m}\right) = \frac{4\,\lambda^2}{\left(1 - \dfrac{m}{m_1}\right)^2},$$

also folgt für die Abstände der Grenzen von der Achse

$$x_2 = \frac{B_2}{2} \pm \frac{\lambda}{1 - \dfrac{m}{m_1}} \qquad \begin{matrix}(+\ \text{für Einschnitt})\\(-\ \text{,, Damm}\quad)\end{matrix} \qquad 31)$$

$$x_1 = -\,\frac{B_2}{2} \pm \frac{\lambda}{1 - \dfrac{m}{m_1}} \qquad \begin{matrix}(+\ \text{für Einschnitt})\\(-\ \text{,, Damm}\quad)\end{matrix} \qquad 32)$$

Graphisch ergeben sich die Werte der Abstände aus dem Grunderwerbsbreitenmaßstab S. 70 und zwar aus der halben Summe der Seiten des Dreiecks O M P (Abb. 69).

$$x_2 = \frac{\overline{O\,M} + \overline{M\,P} + \overline{P\,O}}{2}$$

$$x_1 = \frac{\overline{O\,M} + \overline{M\,P} - \overline{P\,O}}{2}$$

Die Querschnittsflächen. Die Fläche F_1 des zum Dreieck ergänzten Querschnitts ermittelt sich aus dem Produkt der Grunderwerbsstreifenbreiten rechts und links der Achse und dem Richtungskoeffizient der Böschungslinien

$$F_1 = m \cdot x_1 \cdot x_2.$$

Aus den Gleichungen 31) und 32) S. 70 und der vorstehenden Gleichung folgt für die Querschnittsfläche

$$F_1 = \frac{m}{4}\left[B_2{}^2 - \frac{4\,\lambda^2}{\left(1 - \dfrac{m}{m_1}\right)^2}\right]. \qquad 33)$$

Die Klammergröße läßt sich geometrisch aus einem rechtwinkligen Dreieck finden, dessen Hypotenuse B_2 und eine Kathete $\dfrac{2\,\lambda}{1 - \dfrac{m}{m_1}}$ ist (Abb. 70). B_2 entnimmt man dem Grunderwerbsbreitenmaßstab (Abb. 69).

Multipliziert man die gefundene zweite Kathete mit $\tfrac{1}{2}\sqrt{m}$ unter Benutzung des Richtungsstrahles s_4 und quadriert dann das Produkt mit Hilfe der Parabel $y = x^2$, so liefert die Parabel die gesuchte Fläche F_1 als Ordinate.

Der Beweis hierzu ist folgender: Bei der Ermittlung der Grunderwerbsbreiten aus gegebenem λ und h_1 erhält man (Abb. 69 u. Abb. 70)

$$\overline{O\,P} = \frac{2\,\lambda}{1 - \dfrac{m}{m_1}},$$

$\overline{P\,M'} = B_2$ nach Konstruktion;

aus dem rechtwinkligen Dreieck O P M' folgt dann

$$\overline{\mathrm{O\,M'}} = \sqrt{\mathrm{B_2}^2 - \frac{4\lambda^2}{\left(1 - \frac{\mathrm{m}}{\mathrm{m_1}}\right)^2}},$$

Abb. 70.

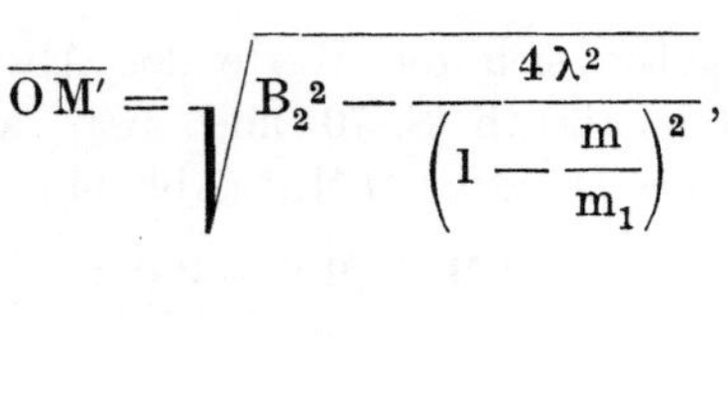

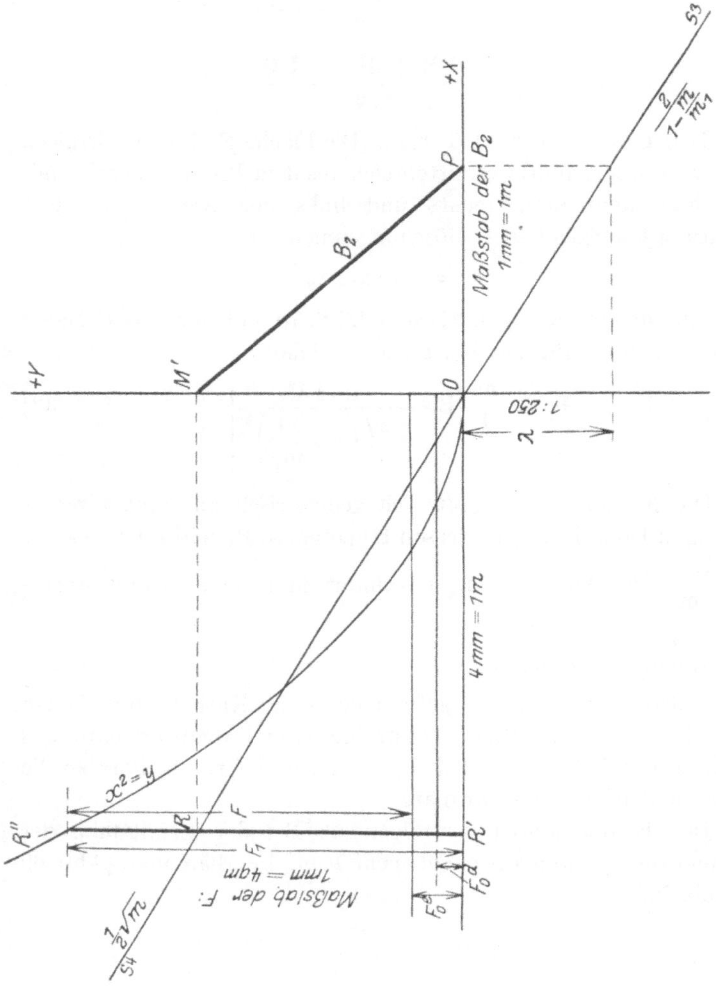

durch den Strahl s_4 von der Richtung $\frac{1}{2}\sqrt{\mathrm{m}}$ wird $\overline{\mathrm{M'\,R}} = \frac{1}{2}\sqrt{\mathrm{m}} \cdot \overline{\mathrm{O\,M'}}$. Da ferner $\overline{\mathrm{M'\,R}}$ Abszisse der Parabel $x^2 = y$ ist,

so ergibt sich für die zugehörige Ordinate

$$\overline{R'R''} = (\overline{M'R})^2 = \left[\frac{1}{2}\sqrt{m}\cdot\overline{OM'}\right]^2 = \frac{m}{4}\left\{B_2{}^2 - \frac{4\lambda^2}{\left(1-\dfrac{m}{m_1}\right)^2}\right\}.$$

Vergleicht man hiermit Gleichung 33), so folgt $\overline{R'R''} = F_1$, das ist der gesuchte Flächeninhalt des zum Dreieck ergänzten Querschnittes.

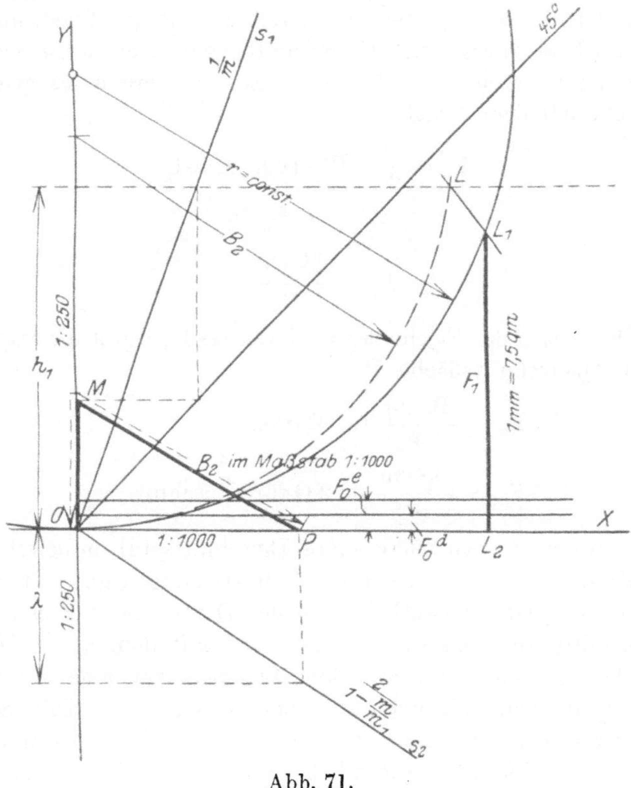

Abb. 71.

Will man sich das Zeichnen der Parabel ersparen, so kann man das auf S. 100 u. f. beschriebene Kreisverfahren zur Flächenbestimmung recht gut benutzen.

Man zeichnet einen Kreis vom Radius r = 2 c, der durch O geht und dessen Mittelpunkt auf der Y-Achse liegt (Abb. 71).

Der Faktor c stellt die Vergrößerung des Radius r oder die sich daraus ergebende Verkleinerung der Querschnittsflächenwerte dar. Einen zweiten Kreis schlägt man mit dem aus dem Grunderwerbsbreitenmaßstab ermittelten B_2, der Kreis geht ebenfalls durch O, sein Mittelpunkt liegt wiederum auf der Y-Achse. Dieser zweite Kreis schneidet die Parallele zur X-Achse im Abstande der Höhe h_1 im Punkte L. Um O beschreibt man mit $\overline{OL}$ als Radius einen dritten Kreis, der den ersten Kreis in L_1 schneidet. Das Lot $\overline{L_1 L_2}$ von L_1 nach der X-Achse stellt den Flächeninhalt des zum Dreieck ergänzten Querschnittes dar. Der zweite und der dritte Kreis brauchen nicht gezeichnet zu werden, es genügen Abstiche mit dem Zirkel.

$$F_1 = \frac{1}{2\,r} \cdot R^2 \quad \text{(vgl. S. 104)}$$

$$R^2 = r \cdot B_2 \cdot h_1$$

daher

$$F_1 = \frac{B_2 \cdot h_1}{2}\,.$$

Der Abzug der Fläche des Fehldreiecks F_0 ergibt die trapezoidische Querschnittsfläche F.

$$F_0 = \frac{B^2 \cdot m}{4} \quad \text{für Damm,}$$

$$F_0 = \frac{B_1{}^2 \cdot m}{4} - 2\,G \quad \text{für Einschnitt.}$$

G bedeutet den Inhalt eines Einschnittsgrabenquerschnitts.

Zusammenfassung des Arbeitsvorganges. Um die Flächen und Grunderwerbsbreiten der Damm- oder Einschnittsquerschnitte zu erhalten, ermittelt man mit dem auf S. 10 beschriebenen λ-Maßstab aus dem Lageplan für eine konstante Höhe $h_1{}'$ die Querneigungen λ' in den verschiedenen Teilpunkten der Bahn- oder Straßenachse, trägt die λ' im Längenschnitt für Damm von der im Abstand h_0 zur Planumslinie gezogenen Parallelen nach oben (s. Abb. 65) und für Einschnitt von der im Abstand t_0 zur Planumslinie gezogenen Parallelen nach unten aus ab. Hierauf verkleinert oder vergrößert man die λ' im Verhältnis $\dfrac{h_1{}'}{h_1}$. Die reduzierten λ und die zugehörigen h_1 kommen übereinander auf eine Lotrechte zu liegen. Zeichnet man nun den Flächenmaßstab Abb. 70 (verbunden mit Abb. 69) oder Abb. 71 auf Pauspapier mit Millimeterteilung, so wird man durch einfaches sachgemäßes Auflegen des Flächenmaßstabes auf den Längenschnitt in den verschiedenen Teilpunkten der Linienführung durch ein paar Züge mit der Zirkelspitze, von den Endpunkten der h_1 und λ ausgehend, die Grunderwerbsbreiten und aus diesen die Querschnittsflächen erhalten.

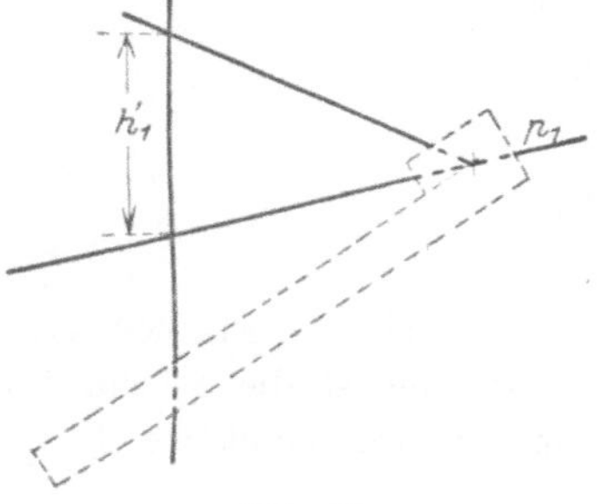

Abb. 72.

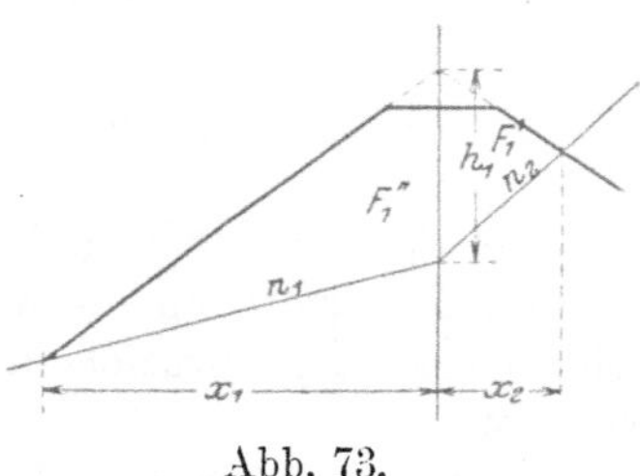

Abb. 73.

Zur Reduktion der λ' im Verhältnis $\dfrac{h_1{}'}{h_1}$ zeichnet man zweckmäßig auf ein Stück Pauspapier die in nebenstehender Abb. 72 ausgezogenen Linien und ordnet den unteren Schenkel des Hilfswinkels auf dem Pauspapier beweglich an. Alsdann stellt man den beweglichen Schenkel so ein, daß er durch den Endpunkt des zur Höhe $h_1{}'$ gehörenden λ' geht (Abb. 65). Verschiebt man nun die gesamte Schablone längs der Parallelen p_1 (s. Abb. 65) bis der feste Schenkel des Hilfswinkels durch den Endpunkt h_1 geht, so schneidet der zweite Schenkel auf derselben Lotrechten das gesuchte λ ab.

Anwendung des Verfahrens bei stark gebrochener Geländelinie. Bei stark gebrochener Geländelinie ermittelt man mit Hilfe des λ-Maßstabes die mittlere Querneigung einmal rechts, das anderemal links der Kunstkörperachse. Mit den beiden gefundenen λ ergeben sich bei gleichen h_1 aus dem Grunderwerbsbreitenmaßstab nach S. 70 die Grunderwerbsstreifenbreiten x_1 und x_2.

$$x_2 = \frac{B_2 \pm \overline{O\,P}}{2}$$

$$x_1 = \frac{B_2{}' \mp \overline{O\,P'}}{2}.$$

Da bei Damm die breitere Grunderwerbsstreifenbreite auf der von der Achse aus abfallenden Seite des Geländes liegt, befindet sich auch der größere Teil der Querschnittsfläche auf dieser Seite (Abb. 73), bei Einschnitt ist es umgekehrt.

Die Querschnittsfläche F_1 des zum Dreieck ergänzten Querschnittes setzt sich zusammen aus den Flächen F_1' und F_1''.

$$F_1 = F_1' + F_1'',$$

$$F_1' = \frac{x_1 \cdot h_1}{2},$$

$$F_1'' = \frac{x_2 \cdot h_1}{2}.$$

Aus dem Maßstabe (Abb. 71) lassen sich die Flächenwerte F_1' und F_1'' leicht finden, von ihrer Summe ist die Fläche des Fehldreiecks F_0 abzuziehen, um die Querschnittsfläche F zu erhalten.

Berücksichtigung der Übergangspunkte zwischen Damm und Einschnitt. Die Grenzhöhen für reinen Einschnitt und reinen Damm ergeben sich wie folgt:

Nach S. 70 war der kleine Abstand des Schnittpunktes der Böschungslinie mit der Geländelinie von der Achse

$$x_2 = \frac{B_2}{2} - \frac{\lambda}{1 - \dfrac{m}{m_1}}.$$

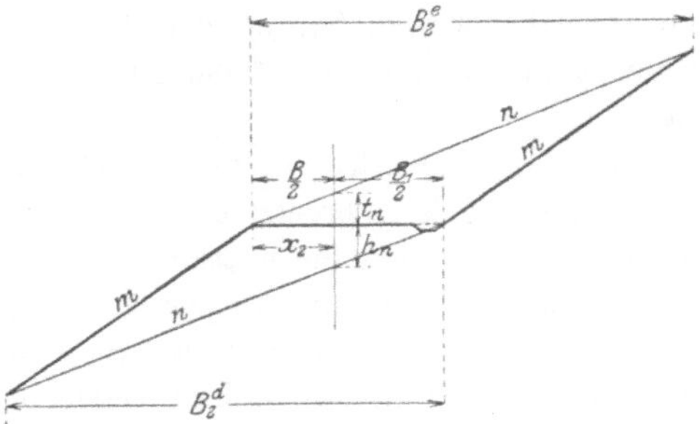

Abb. 74.

Bei Übergang des reinen Querschnitts in den Anschnittsquerschnitt geht die Geländelinie durch die Planumskante, es wird also (Abb. 74)

$$x_2 = \frac{B_1}{2} \text{ bei Damm,}$$

$$x_2 = \frac{B}{2} \text{ bei Einschnitt,}$$

es folgt

$$\frac{B_1}{2} = \frac{B_2^d}{2} - \frac{\lambda}{1 - \dfrac{m}{m_1}}$$

und

$$\frac{B}{2} = \frac{B_2^e}{2} - \frac{\lambda}{1 - \dfrac{m}{m_1}} \, .$$

Bezeichnen (Abb. 74) B_2^d und B_2^e die ganzen Kunstkörperbreiten, die der Dammhöhe h_n und Einschnittstiefe t_n entsprechen, so folgt

$$B_2^d = B_1 + \frac{2\,\lambda}{1 - \dfrac{m}{m_1}}$$

$$B_2^e = B + \frac{2\,\lambda}{1 - \dfrac{m}{m_1}} \, .$$

Nimmt man den Maßstab zur Ermittlung der Grunderwerbsbreiten zu Hilfe, so trägt die X-Achse die Werte

$$\frac{2\,\lambda}{1 - \dfrac{m}{m_1}} \, .$$

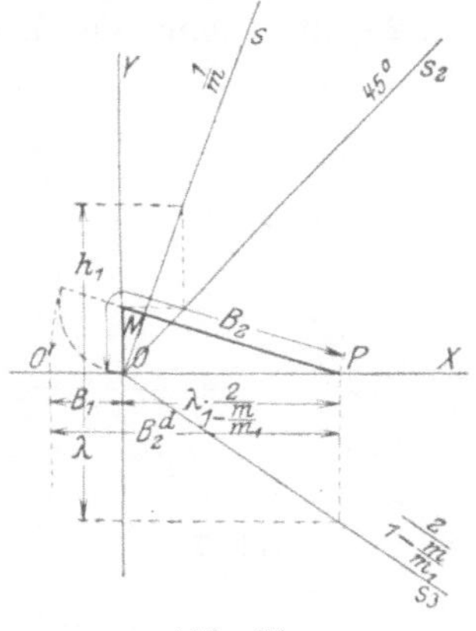

Abb. 75.

Addiert man zu diesen Werten noch die Planumbreite B_1 bei Damm und B bei Einschnitt, so stellt die Strecke $\overline{P\,O\,O'}$ den Wert B_2^d bzw. B_2^e dar (Abb. 75). Sobald nun h_1 und λ einen Wert B_2 liefern, der gleich der Länge $\overline{P\,O'}$ ist, so sind $h_1 = t_0 + t_n$ oder $h_1 = h_0 + h_n$ die gesuchten Höhen, die die Übergangslänge der Anschnittsquerschnitte begrenzen.

Bei Anschnittsquerschnitten verliert das Verfahren für die Flächenbestimmung seine Gültigkeit, man wird auf ein unter Abschnitt II D angegebenes Verfahren zurückgreifen.

Die Böschungsbreiten. Sind die Grunderwerbsbreiten B_2 nach S. 68 aus h_1 und λ gefunden, so lassen sich die Böschungsbreiten ermitteln.

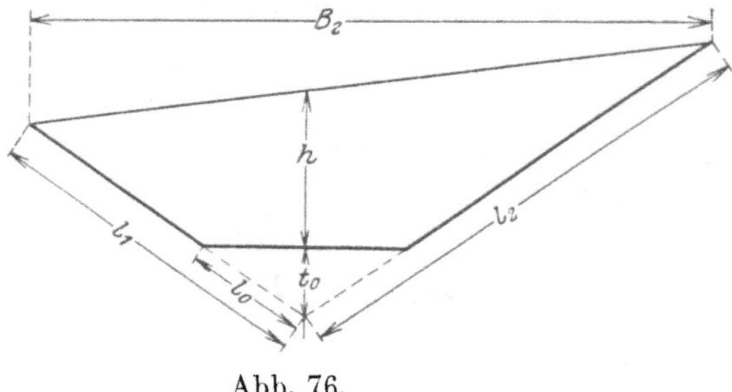

Abb. 76.

Bezeichnet $l = l_1 + l_2$ (Abb. 76) die Summe der Böschungsbreiten des zum Dreieck ergänzten Querschnittes und $2\,l_0$ die Summe der Böschungsbreiten im Fehldreieck, so ist

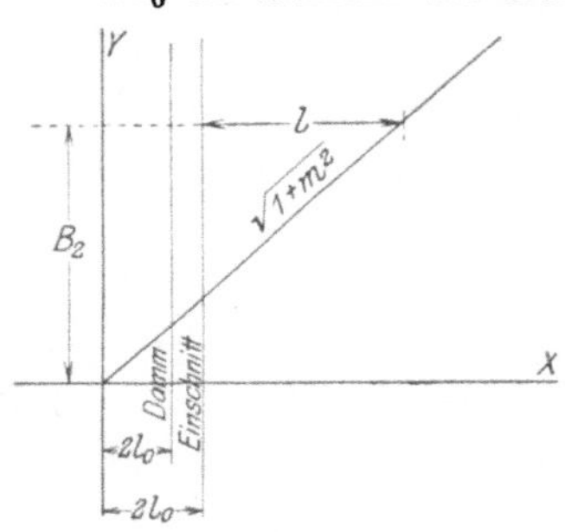

$$l = l_1 + l_2 - 2\,l_0 = \frac{B_2}{\cos\alpha} - 2\,l_0$$

oder

$$l = B_2\sqrt{1 + m^2} - 2\,l_0.$$

Andrerseits ist

$$l_0 = \frac{t_0}{\sin\alpha} = \frac{t_0\sqrt{1 + m^2}}{m},$$

Abb. 77.

somit folgt für die Gesamtböschungsbreite

$$l = B_2\sqrt{1 + m^2} - 2\,t_0\frac{\sqrt{1 + m^2}}{m},$$

gültig für einen Einschnittsquerschnitt; bei einem Dammquerschnitt tritt an Stelle t_0 der Wert h_0.

Graphisch bestimmt man die Werte für l bei gegebenem B_2 aus nebenstehendem Maßstabe (Abb. 77).

D. Verfahren für Anschnittsquerschnitte.

Beim Übergang vom Damm zum Einschnitt erscheinen in den Querschnitten sowohl Einschnitts- als auch Dammflächen, es wird also die Planumsfläche durch die Geländeoberfläche geschnitten (Abb. 78). Man nennt diese Querschnitte Anschnittsquerschnitte oder gemischte Querschnitte.

Oft wird man Bahnen und Straßen auf längere Strecken in den Anschnitt verlegen, um sie möglichst dem Gelände anzuschließen.

Eine Anzahl der vorgenannten Verfahren zur Bestimmung der Flächeninhalte der Querschnitte verliert innerhalb der Übergangslängen mit teilweisem Auf- und Abtrag ihre Gültigkeit, man legt deshalb die Grenzen für reinen Damm und reinen Einschnitt fest und bestimmt die Anschnittsflächen innerhalb der Übergangslängen mit Hilfe der Verfahren, die für Anschnittsquerschnitte geeignet sind.

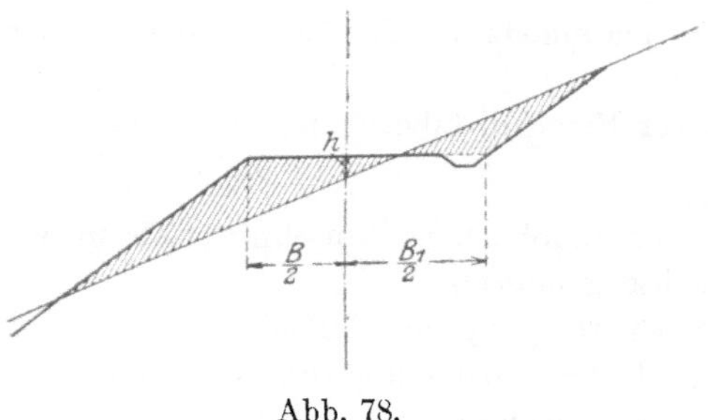

Abb. 78.

Die ersten graphischen Bestimmungen für Anschnittsquerschnitte hat v. Lichtenfels 1895 (s. Literatur) veröffentlicht, sie sind jedoch durch die neueren Verfahren an Einfachheit übertroffen worden. Ebenso dürften die von Wagner (s. Literatur) 1900 veröffentlichten Flächentafeln nur noch geringe Verwendung finden. Ausgehend von dem Göringschen Flächenmaßstabe für reinen Damm und reinen Einschnitt hat Coulmas (s. Literatur) im Jahre 1903 einen Flächenmaßstab für Anschnittsquerschnitte veröffentlicht, der zwar in der Herstellung durch das Aufzeichnen von 3 Strahlenbüscheln und 2 Parabeln etwas Mühe erfordert, jedoch in der Anwendung übersichtlich und einfach ist.

Die Verfahren von Schönhöfer (s. Literatur) und Allitsch (s. Literatur) schließen unmittelbar an ihre auf S. 33 und 53 angegebenen Flächenbestimmungen für reinen Damm und reinen Einschnitt an, sind infolgedessen dann nur zweckmäßig zu benutzen, wenn die Flächenbestimmungen nach den entsprechenden Verfahren für reine Querschnitte erfolgt sind.

Bei einem anderen von Geheimrat Prof. Dolezalek in seinen Vorlesungen über Erdbau an der Technischen Hochschule zu Berlin mitgeteilten Verfahren und bei der Erweiterung nach v. Glaßer werden die bisher für Anschnittsflächen durchgängig angewendeten Parabeln vermieden. Es bieten daher diese Verfahren die größten Vorteile in der einfachen Herstellung, zu der sich außerdem noch eine leichte Anwendbarkeit gesellt. Grunderwerbsbreiten und Böschungsbreiten werden den gleichen Maßstäben entnommen.

1. Verfahren nach Coulmas (s. Literatur).

Es bezeichnet, Abb. 79:

$\dfrac{B}{2}$ die halbe Planumsbreite des Bahn- oder Straßenkörpers,

$\dfrac{B_1}{2}$ die bis zur Einschnittsböschung verlängerte halbe Planumsbreite B,

h und t die Dammhöhe bzw. Einschnittstiefe in der Bahn- oder Straßenachse gemessen,

n = tg β die Querneigung des Geländes,

m = tg α die Böschungsneigung des Bahn- oder Straßenkörpers,

G einen Grabenquerschnitt von konstanter Größe,

F^d die Dammfläche,   } des Querschnitts, wenn in der Achse
f^e die Einschnittsfläche }   Damm vorhanden,

F^e die Einschnittsfläche, } des Querschnitts, wenn in der Achse
f^d die Dammfläche   }   Einschnitt vorhanden.

Für die Fläche des Dreiecks A B C folgt

$$F^d = \frac{1}{2}\left(\frac{B}{2} + \frac{h}{n}\right)\cdot b,$$

$$\frac{b}{n} = \frac{h}{n} + \frac{B}{2} + \frac{b}{m},$$

oder

$$b\left(\frac{1}{n} - \frac{1}{m}\right) = \frac{h}{n} + \frac{B}{2},$$

oder

$$b = \frac{\dfrac{h}{n} + \dfrac{B}{2}}{\dfrac{1}{n} - \dfrac{1}{m}} = \frac{n}{1 - \dfrac{n}{m}}\left(\frac{B}{2} + \frac{h}{n}\right),$$

demnach

$$F^d = \frac{n}{2\left(1 - \dfrac{n}{m}\right)} \left(\frac{B}{2} + \frac{h}{n}\right)^2 .$$

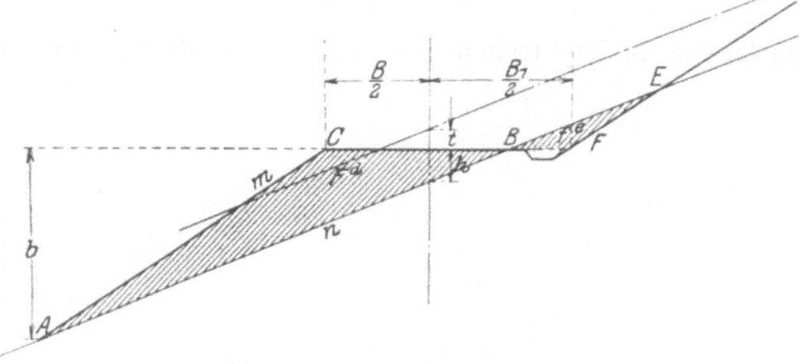

Abb. 79.

Für eine gegebene Querneigung n und für veränderliche Werte von h und F^d stellt diese Gleichung eine Parabel dar, ebenso erhält man für das Dreieck B E F eine Flächengleichung von der Form

$$f^e = \frac{n}{2\left(1 - \dfrac{n}{m}\right)} \left(\frac{B_1}{2} - \frac{h}{n}\right)^2 ,$$

die gleichfalls eine Parabel ergibt. In dem nachfolgenden Flächenmaßstabe lassen sich die Klammerausdrücke der beiden Gleichungen mit Hilfe von Strahlenbüscheln für die verschiedenen Querneigungen finden, das Quadrieren der Größen

$$\left(\frac{B}{2} + \frac{h}{n}\right) \text{ und } \left(\frac{B_1}{2} - \frac{h}{n}\right)$$

geschieht mittels Parabeln von der Gleichung $y = x^2$.

Zunächst dienen die Strahlen mit C als Ausgangspunkt (Abb. 80) zur Bestimmung der Werte $\dfrac{h}{n}$ und sind demzufolge unter einem Winkel, dessen Tangente n ist, gegen die X-Achse geneigt. Die Scheitel der Parabeln $y = x^2$ liegen von C aus um $\dfrac{B}{2}$ bzw. $\dfrac{B_1}{2}$ auf der Abszissenachse entfernt, die Parabeln ergeben

die Bildung der Werte $\left(\dfrac{B}{2} + \dfrac{h}{n}\right)^2$ und $\left(\dfrac{B_1}{2} - \dfrac{h}{n}\right)^2$. Die von O und O'
ausgehenden Strahlen, deren Neigungswinkel mit den Ordinaten-
achsen dem Verhältnis $\dfrac{n}{2\left(1 - \dfrac{n}{m}\right)}$ entspricht, gestatten die
zeichnerische Multiplikation des Klammerausdrucks mit dem

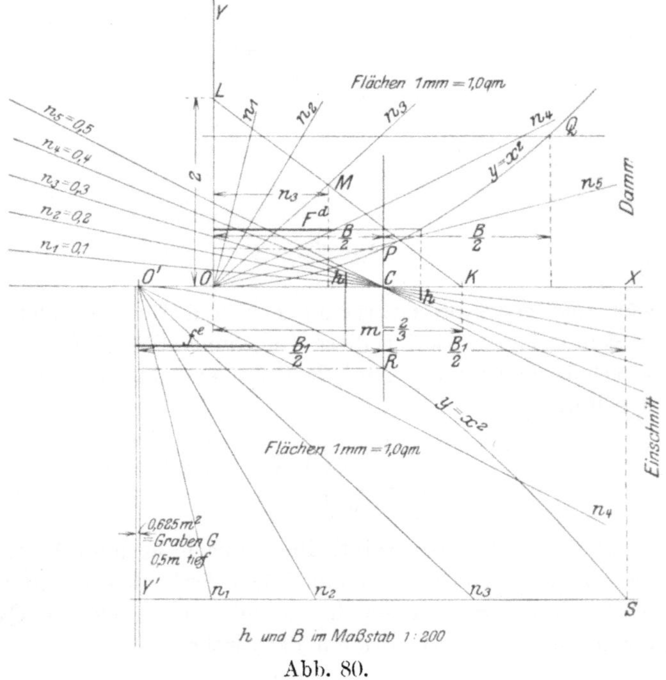

Abb. 80.

Bruche. Diese Flächenstrahlen lassen sich ohne jede Rechnung
zeichnen. Man ermittelt die Hilfsgerade $\overline{KL}$, indem man vom
Ursprung auf der X-Achse den Wert m, auf der Y-Achse den Wert
2 abschneidet und die beiden Schnittpunkte verbindet. Trägt
man dann auf der Abszissenachse den Wert n_3 in dem für m
gewählten Maßstabe auf, sucht man ferner den zugehörigen
Punkt M der Hilfsgeraden $\overline{KL}$ und verbindet diesen mit dem
Ursprung O durch eine Gerade, so stellt diese den gewünschten
Flächenstrahl dar.

Die Ableitung der Flächengleichungen für F^e und f^d ist die gleiche wie sie für F^d und f^e im vorangehenden gezeigt worden ist.

$$F^e = \frac{n}{2\left(1 - \dfrac{n}{m}\right)} \left(\frac{B_1}{2} + \frac{t}{n}\right)^2 + G \quad (\text{Abb. 81})$$

$$f^d = \frac{n}{2\left(1 - \dfrac{n}{m}\right)} \left(\frac{B}{2} - \frac{t}{n}\right)^2.$$

Sämtliche Flächen F^d und f^e, F^e und f^d lassen sich aus dem Flächenmaßstabe (Abb. 80) entnehmen.

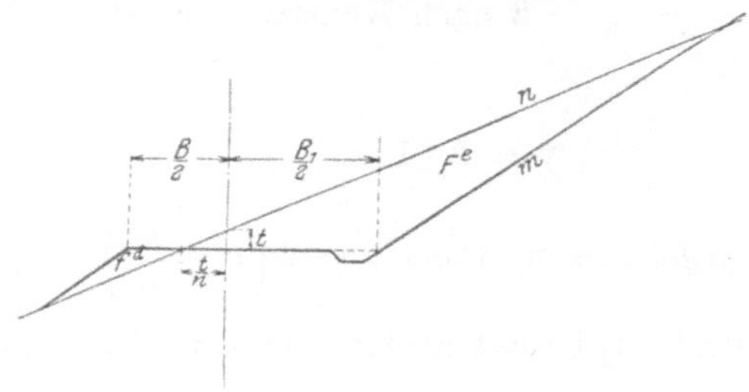

Abb. 81.

Die Teile der Parabel und der Flächenstrahlen für Damm zwischen der X-Achse und der Wagerechten durch den Parabelpunkt P, dessen Abszisse $\dfrac{B}{2}$ ist, kommen bei der Bestimmung der f^d-Flächen in Betracht, darüber hinaus bis zur Wagerechten durch den Punkt Q mit der Abszisse $2 \cdot \dfrac{B}{2} = B$ kommen Parabel und Flächenstrahlen für die F^d-Flächen in Frage. Ebenso ergeben sich die f^e-Flächen zwischen X-Achse und der Wagerechten durch den Parabelpunkt R im Abstand $\dfrac{B_1}{2}$ von der Scheitelachse der Parabel und die F^e-Flächen darüber hinaus bis zur Wagerechten durch den Punkt S mit dem Abstande $\dfrac{2 \cdot B_1}{2} = B_1$ von der Scheitelachse der Abtragsparabel.

Das eben Gesagte ergibt sich aus den vier Flächengleichungen. Indem die Werte $\dfrac{h}{n}$ sich zwischen 0 und $\dfrac{B_1}{2}$, die Werte $\dfrac{t}{n}$ zwischen

0 und $\dfrac{B}{2}$ bewegen, nimmt h die Werte von 0 bis h_n und t die Werte von 0 bis t_n an. Es stellen dabei h_n und t_n die Grenzhöhen bzw. Grenztiefen dar, bei denen die Anschnittsquerschnitte in die reinen Querschnitte übergehen.

Die Richtigkeit der Konstruktion der von O und entsprechend von O_1 ausgehenden Flächenstrahlen findet in folgendem ihre Bestätigung.

Die Gleichung der Geraden $\overline{\mathrm{K\,L}}$ lautet:

$$y = p \cdot x + q,$$

worin $p = -\dfrac{2}{m}$, $q = 2$ nach Konstruktion ist.

Somit

$$y = 2\left(1 - \frac{x}{m}\right).$$

Für ein gegebenes n_3 folgt $y = 2\left(1 - \dfrac{n_3}{m}\right)$.

Der Flächenstrahl n_3 besitzt alsdann die geforderte Neigung

$$\frac{n_3}{2\left(1 - \dfrac{n_3}{m}\right)}$$

gegen die Y-Achse.

Die Anwendung des Flächenmaßstabes (Abb. 80) geschieht nun folgendermaßen:

Die Dammhöhe h ist dem Längenschnitt, die Querneigung $n_4 = \mathrm{tg}\,\beta$ dem Neigungsplan entnommen. Man ermittelt zunächst die Punkte des durch C gehenden Neigungsstrahles n_4, deren Ordinaten gleich dem gegebenen h sind, die Verlängerung der Ordinaten liefert die Schnittpunkte mit den Parabeln. Von diesen Schnittpunkten geht man dann in wagerechter Richtung zu den der Querneigung n_4 entsprechenden Flächenstrahlen, die wagerechten Abstände der so gefundenen Punkte von der Y-Achse bzw. Y'-Achse geben die gesuchten Flächen F^d und f^e. Bei den Flächen der Einschnittsquerschnitte ist noch die Fläche eines Grabenquerschnitts zu addieren. Eine Parallele zur Y'-Achse im Abstande gleich der Fläche G gestattet in einfacher Weise die Addition.

Zusatz über die Ermittlung der Grunderwerbsbreiten nach v. Glaßer. Es ist hier noch die Bestimmung
der Grunderwerbsbreiten angefügt, da bei Anschnittsquerschnitten
die zumeist flachen Dammschüttungen und flachen Einschnitte
häufig einen recht ausgedehnten Grunderwerb erfordern. Selbst-
verständlich muß man die Kosten des Grunderwerbes mit denjenigen Kosten vergleichen, die die Errichtung einer Stützmauer
verursachen würde. Beim Vergleich der Kosten wird man sich
leicht zu dem einen oder dem anderen entschließen können, falls
nicht die Zweckmäßigkeit der Anordnung allein maßgebend ist.

Es wird hier die Bestimmung der ganzen Grunderwerbsbreite gezeigt, da es selten erforderlich ist, die Unterscheidung
der Ländereien nach verschiedenen Kulturwerten rechts und
links der Bahn- oder
Straßenachse zu treffen.
Der Maßstab zur Be-
stimmung der ganzen
Grunderwerbsbreiten
gestaltet sich für An-
schnittsquerschnitte ein-
facher als für reine
Querschnitte, weil die
Grunderwerbsbreiten

Abb. 82.

dort nicht abhängig von den Einschnittstiefen oder Damm-
höhen sind.

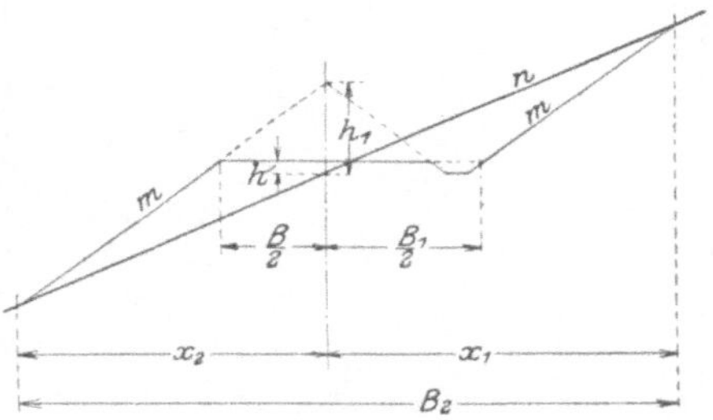

Nach Abb. 82 ist

$$h_1 = h + \frac{B}{2} \cdot m = x_2 \cdot m - x_2 \cdot n,$$

$$x_2 = \frac{h + \frac{B}{2} \cdot m}{m - n},$$

ferner

$$x_1 \cdot m - x_1 \cdot n = \frac{B_1}{2} \cdot m - h$$

$$x_1 = \frac{\frac{B_1}{2} \cdot m - h}{m - n}.$$

Die Grunderwerbsbreite

$$B_2 = x_2 + x_1 = \frac{h + \frac{B}{2} \cdot m}{m - n} + \frac{\frac{B_1}{2} \cdot m - h}{m - n}$$

oder

$$B_2 = \frac{m}{m - n}\left(\frac{B}{2} + \frac{B_1}{2}\right).$$

In dem Maßstabe (Abb. 80, S. 82) war auf der X-Achse die Größe $m = \operatorname{tg}\alpha$ aufgetragen worden. Zieht man im Abstand $\frac{B}{2} + \frac{B_1}{2}$ eine Parallele zur X-Achse und trägt man $n = \operatorname{tg}\beta$ im Maßstabe des m von der Y-Achse aus ab (Abb. 83), so erhält man auf der Parallelen zur X-Achse eine den Neigungen n entsprechende Anzahl Teilpunkte. Legt man durch diese Teilpunkte von K aus Strahlen, so schneiden diese auf der Y-Achse die geforderten Grunderwerbsbreiten B_2 ab.

Die oben genannte Beziehung für B_2 ist ohne weiteres aus der Zeichnung (Abb. 83) abzulesen.

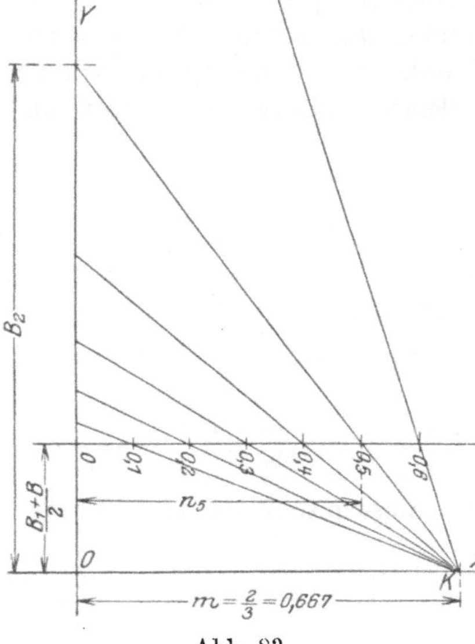

Abb. 83.

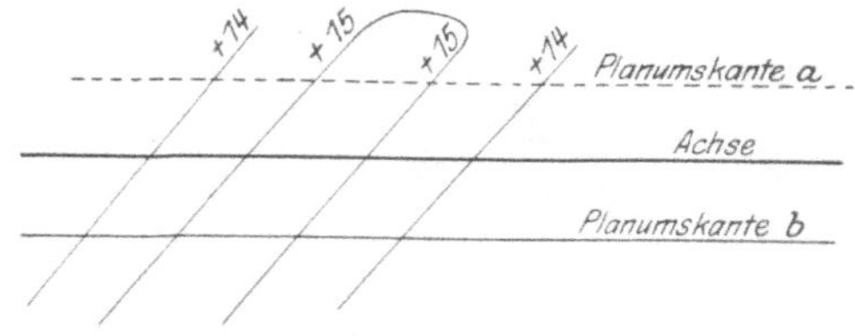

Abb. 84.

2. Verfahren nach Schönhöfer (s. Literatur).

Wie bereits erwähnt wurde, wird man die nachfolgende Flächenbestimmung zweckmäßig dann anwenden, wenn sehr

breite Querschnitte und stark gebrochene Geländelinien vor-
liegen.

Anschließend an das Verfahren S. 33 u. f. für reine Querschnitte werden hier die Fälle 3 und 4 behandelt, bei denen die
Höhendifferenz zwischen den Haupt- und Nebenlängenschnitten
die Damm- oder Einschnittsfläche übergreift.

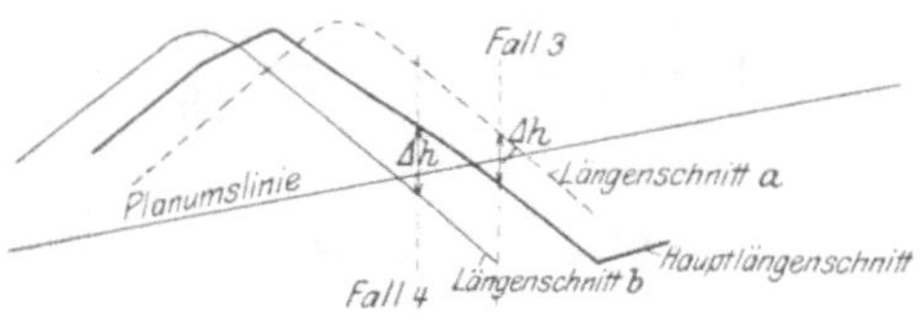

Abb. 85.

Fall 3. Übergangsdamm.

Die Höhendifferenz Δh übergreift die Einschnittsfläche
(Abb. 86).

a) **Grunderwerb.** Die
Grunderwerbsbreiten bestimmen sich ebenso wie für Fall 1
und 2, S. 36 und 38,

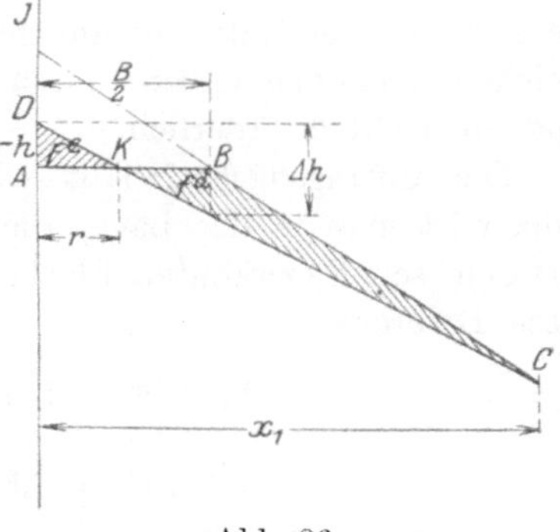

Abb. 86.

$$x_1 = \frac{1}{m\left(1 - \dfrac{\Delta h}{m\dfrac{B}{2}}\right)} h_1 = k \cdot h_1.$$

Das Zeichen im Nenner
ist stets negativ.

b) **Querschnittsflächen.** Es bezeichnet

F^e die Einschnittsfläche ⎫ des Querschnitts, wenn in der Achse
f^d die Dammfläche ⎭ Einschnitt vorhanden,
F^d die Dammfläche ⎫ des Querschnitts, wenn in der Achse
f^e die Einschnittsfläche ⎭ Damm vorhanden.

Somit

$$\Delta\,A\,D\,K = F^e$$
$$\Delta\,B\,C\,K = f^d.$$

Zur Bestimmung von F^e ist es erforderlich, die Hilfsgröße r in die Rechnung einzubeziehen.

$$r = \frac{\frac{B}{2}}{\Delta h} \cdot h\,.$$

Für die Fläche F^e folgt:

$$F^e = \frac{1}{2}\,h \cdot r = \frac{1}{2}\,h^2 \cdot \frac{\frac{B}{2}}{\Delta h}$$

oder

$$F^e = \frac{B}{4\,\Delta h} \cdot h^2\,.$$

Die Flächen F^e bestimmen sich genau wie die Flächen F_1 (vgl. S. 40) mit Hilfe einer Parabel und mit Hilfe von Geraden von der Richtung $\dfrac{B}{4\,\Delta h}$ (Abb. 87). Zu bemerken ist, daß Δh hier nur als positiv in Betracht kommt. Die Größen r, die zur Absteckung in der Natur gebraucht werden, lassen sich aus dem gleichen Maßstabe nebenbei ermitteln, zur Flächenbestimmung sind sie nicht erforderlich.

Die Auftragsfläche f^d läßt sich nicht unmittelbar bestimmen, jedoch ist man in der Lage, die Differenz der Flächen $F^e - f^d$ aus dem schon erwähnten Flächenmaßstab zu entnehmen, es ist diese Differenz

$$\Delta f = F^e - f^d = F_1 - \frac{F_0}{2}\,,$$

$$f^d = F^e \mp \Delta f\,.$$

Die Fläche F_1 (Fläche des Dreiecks D C J, Abb. 86) errechnet sich aus

$$F_1 = \frac{1}{2}\,k\,h_1{}^2\,,$$

wobei

$$k = \frac{1}{m\left(1 - \dfrac{\Delta h}{m\,\dfrac{B}{2}}\right)}\,.$$

Während somit für die Bestimmung von r und F^e ein besonderer Flächenmaßstab nötig wird, kann für die Ermittlung der Grund-

h
$y^2 = x$
4m
3m
2m
$\Delta h = 1m$
2Δh
r
h
h
4 Δh
h^2
B
F^e
F^e
B
$\Delta h = 1m$
$\Delta h = 2m$
$\Delta h = 3m$

Abb. 87.

6 h
5
4
1:200
3
2
1
0
$y^2 = x$
$\Delta h = 0$
1m
2m
Δh außerhalb
3m
x_1
h
h
h_0^e
h_0^d
h^2
2
F_0^d
$-\Delta f$
$+\Delta f$
$\frac{F_0^e}{2}$
1mm = 10qm
Δh außerhalb
2m
1m
$\Delta h = 0$

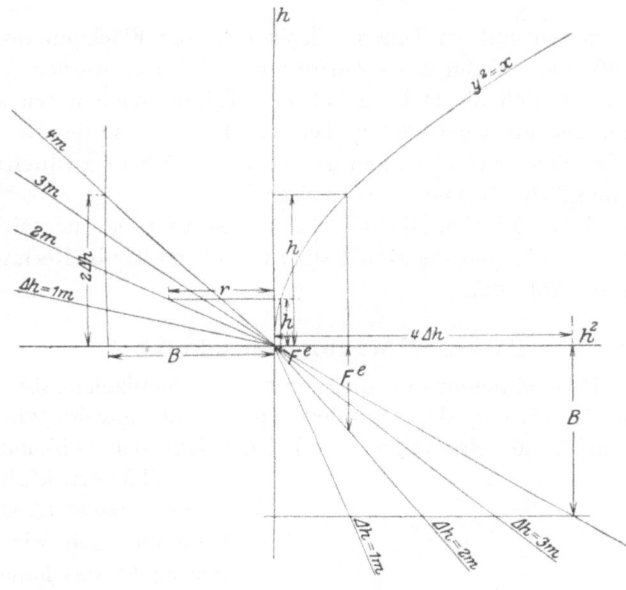

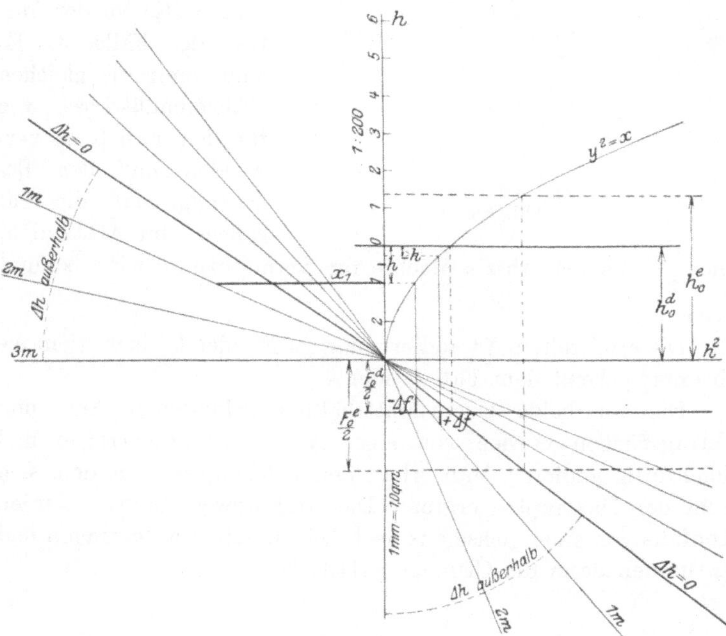

Abb. 88.

erwerbsbreiten und der Differenzflächen Δ f der Flächenmaßstab auf S. 40 oder 89 für reine Querschnitte benutzt werden. Zu beachten ist, daß die Höhe h von der Nullinie nach unten aufzutragen, also als negativ anzusehen ist. Das Zeichen des zweiten Gliedes im Nenner von k ist hier negativ, also Δ h als außerhalb der Dammfläche liegend zu betrachten.

Erscheint Δ f oberhalb der Nullinie, so ist es als negativ zu rechnen, im entgegengesetzten Falle ist es als positiv in Rechnung zu setzen (Abb. 88).

Fall 4. Übergangseinschnitt.

Die Höhendifferenz Δ h übergreift die Dammfläche (Abb. 89).

Die Ermittlung des Grunderwerbs ist die gleiche wie bei Fall 1 und 2, die Ermittlung der Flächen läßt sich vollkommen auf Fall 3 zurückführen. Der Auftrag F^d (ΔADK) bestimmt sich wie der Abtrag F^e des Falles 3, ebenso die Abtragsfläche f^e (ΔBCK) wie der Auftrag des Falles 3. Es sind somit die gleichen Flächenmaßstäbe wie für den Fall 3 zu verwenden mit der Beachtung, daß die Parallelen im Abstand h_0 und $\dfrac{F_0}{2}$ von der Abszissenachse für Normaleinschnitt benutzt werden.

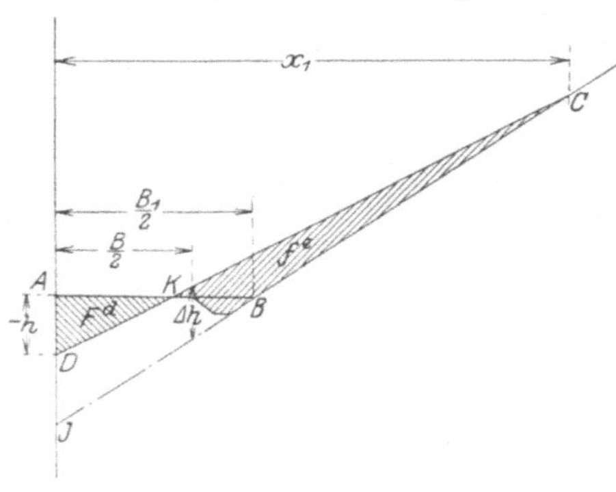

Abb. 89.

Die ermittelten Δ f addiert man zu F^e oder F^d bzw. zieht sie ab entsprechend dem Fall 3 oder 4.

Die für beide Querschnittshälften gefundenen Auf- und Abtragsflächen werden von einer Achse aus aufgetragen und gleichzeitig addiert. Man erhält den Flächenplan, aus dem sich dann der Massenplan ergibt. Die Grunderwerbsbreiten werden ebenfalls von einer Achse aus nach beiden Seiten aufgetragen und bestimmen dann die Grunderwerbsflächen.

2. Verfahren nach Allitsch (s. Literatur).

Nachfolgende Flächenbestimmung für Anschnittsquerschnitte schließt sich an die auf S. 53 für reine Querschnitte mitgeteilte an. Die Damm- und die Einschnittsflächen werden gesondert bestimmt, die Geländelinie innerhalb des Querschnitts wird durch eine geradlinig verlaufende Linie dargestellt.

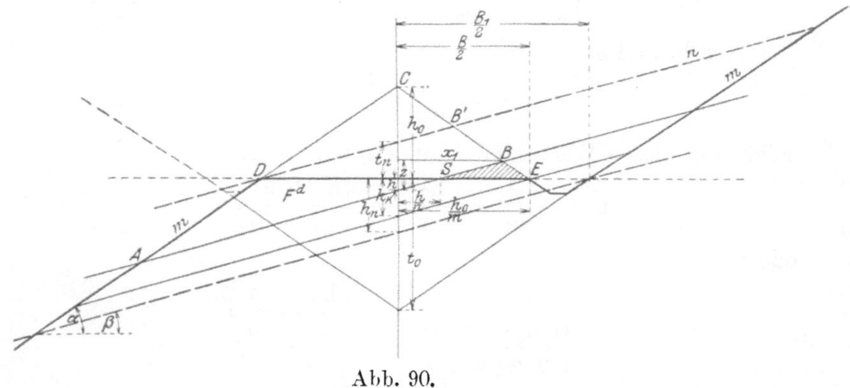

Abb. 90.

Die Grenzhöhen für reinen Einschnitt sind $t_n = n \cdot \dfrac{B}{2}$, für reinen Damm $h_n = \dfrac{n B_1}{2}$, für die dazwischen liegenden Werte von h ergeben sich Anschnittsquerschnitte.

Bezeichnet F^d (Abb. 90) die Fläche des Dreiecks ADS, so folgt für

$$F^d = \Delta\,ADS = \Delta\,ABC - \Delta\,CDE + \Delta\,BES$$

oder

$$F^d = F_1 - F_0 + f_n,$$

worin

$$F_1 = k \cdot h_1{}^2,$$

$$F_0 = \frac{h_0{}^2}{m}.$$

Für f_n folgt:

$$f_n = \frac{\left(\dfrac{h_0}{m} - \dfrac{h}{n}\right)^2}{2\left(\dfrac{1}{m} + \dfrac{1}{n}\right)}.$$

Diese Gleichung leitet sich folgendermaßen ab:

a) Fläche $\Delta\,BES = \dfrac{h_0}{2}\cdot\dfrac{h_0}{m} + \dfrac{h}{n}\cdot\dfrac{h}{2} - \dfrac{h_0 + h}{2}\cdot x_1$,

b) $x_1 = \dfrac{z}{n}$,

c) $x_1 = \dfrac{h_0 + h - z}{h_0}\cdot\dfrac{h_0}{m}$.

Aus b) und c):

$$x_1 = \frac{h_0 + h}{m + n},$$

setzt man diesen Wert in Gleichung a) ein, so folgt

$$f_n = \frac{h_0{}^2}{2\,m} + \frac{h^2}{2\,n} - \frac{(h_0 + h)^2}{2\,(m + n)}$$

oder

$$f_n = \frac{(n\,h_0 - m\,h)^2}{2\,m\,n\,(m + n)} = \frac{\left(\dfrac{h_0}{m} - \dfrac{h}{n}\right)^2}{2\left(\dfrac{1}{m} + \dfrac{1}{n}\right)}\,.$$

Es wird

$$f_n = 0 \ \text{für}\ h_k = \frac{B\cdot n}{2},$$

d. h. die Geländelinie schneidet die Planumskante, f_n erreicht seinen größten Wert für $t_n = \dfrac{B\cdot n}{2}$, d. h. bei dieser Einschnittstiefe verschwindet der Damm überhaupt.

Die Gleichung

$$f_n = \frac{\left(\dfrac{h_0}{m} - \dfrac{h}{n}\right)^2}{2\left(\dfrac{1}{m} + \dfrac{1}{n}\right)}$$

stellt für die rechtwinkligen Koordinaten h und f_n eine Parabelgleichung oder bei veränderlichem n die Gleichung einer ganzen Schar von Parabeln dar, deren Konstruktion sich einfach gestaltet, wenn folgendes berücksichtigt wird:

In dem auf S. 54 beschriebenen Flächenmaßstabe macht man die im Abstand F_0 zur Achse g gezogene Parallele zur Abszissenachse und g_2 zur Ordinatenachse, g_2 liegt um die Fehldreieckshöhe h_0 von g_1 entfernt. Die Abszissenachse ist dann Scheiteltangente der Parabeln, die einzelnen Scheitel liegen um die Dammhöhe

$$h_k = \frac{n \cdot B}{2} \text{ von } g_2 \text{ ent-}$$

fernt (Abb. 91). Das auf S. 54 angegebene Verfahren liefert für

$$t_n = n \cdot \frac{B}{2} \text{ (Damm-}$$

nullpunkt) einen Punkt L der Parabel (Abb. 91). Da ferner die Verbindungsgerade $\overline{K\,L}$ durch den Punkt O gehen muß, weil für ein konstantes n der geometrische Ort aller $F_1 = k \cdot h_1^2$ eine Gerade ist, so lassen sich die Parabeln leicht konstruieren (Abb. 91 und 92). In Abb. 91 entspricht die Strecke $\overline{L'\,L}$ der Fläche des Dreiecks $B'\,C\,D$ (Abbildung 90), $\overline{L'\,L''}$ dem Fehldreieck $C\,D\,E$, $\overline{L\,L''} = \overline{L'\,L''}$ $- \overline{L'\,L}$ der Fläche des Dreiecks $B'\,D\,E$.

Die Ordinaten zwischen Anschnittsparabel und der Achse g drücken die um die Fläche des Dreiecks $B\,E\,S = f_n$ verminderte Fehldreiecksfläche F_0 aus. Die Differenzfläche ist von der Fläche F_1 des zum Dreieck ergänzten

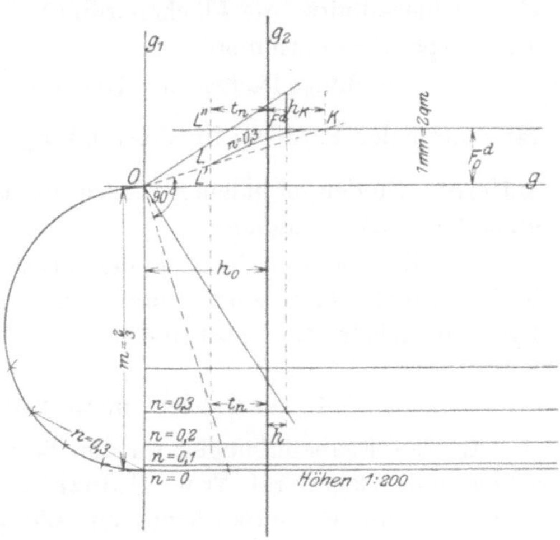

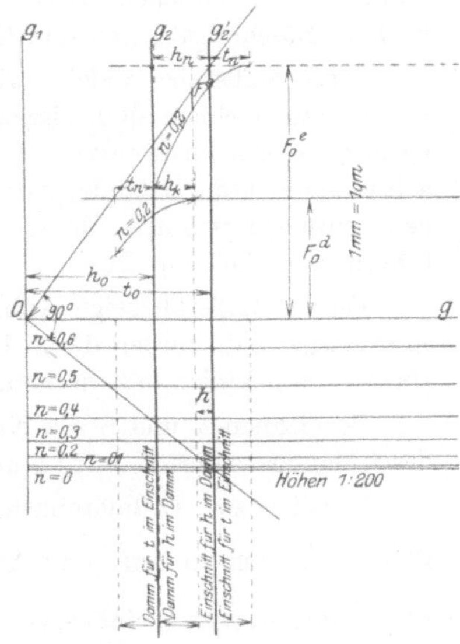

Abb. 91 u. 92.

Querschnitts in Abzug zu bringen und ergibt somit die gesuchte Anschnittsfläche. Das Abgreifen der Querschnittsflächen ist in derselben Weise auszuführen, wie es auf S. 54 für reine Querschnitte gezeigt war, nur daß man für ein gegebenes h bzw. t des Anschnittsquerschnitts die Flächenordinaten bis zur jeweiligen Anschnittsparabel entnimmt.

Für Anschnittsflächen im Einschnitt liegen die Scheiteltangenten der Parabeln im Abstand $F_0{}^e = \dfrac{t_0{}^2}{m}$ von der Achse g entfernt. Zu der gefundenen Einschnittsfläche ist noch die Fläche eines Grabens zu addieren.

Zur Bestimmung der Grunderwerbsbreiten eignet sich dieser Maßstab nicht, man benutze den einfachen auf S. 86 angegebenen Grunderwerbsbreitenmaßstab für Anschnittsquerschnitte.

4. Verfahren nach Dolezalek.

In den Erdbauübungen an der Berliner Technischen Hochschule läßt Geheimrat Prof. Dolezalek für geneigtes Gelände sehr einfache Maßstäbe benutzen, die aus den dem Längenschnitte entnommenen Höhen unmittelbar die Querschnittsflächen, Böschungsbreiten und Grunderwerbsbreiten ergeben.

Diese Maßstäbe, welche wie die anderen auf Millimeter-Papier zu zeichnen sind, eignen sich für die Ermittlung der genannten Größen im ebenen geneigten und in der Bahn- oder Straßenachse geknickten Gelände, vor allem aber für Anschnitts- oder gemischte Querschnitte, da hierfür ein anderes einfacheres Verfahren nicht bekannt ist.

Diesen Maßstab zeigt Abb. 93. Vom Koordinatenursprung in O ausgehend, werden die m-Linien nach auf- und abwärts und ebenso die n-Linien in Zwischenräumen von etwa 0,1 aufgetragen.

Bezeichnen α und β die Neigungswinkel der Böschung und des Geländes, so ist $m = \operatorname{tg} \alpha$ und $n = \operatorname{tg} \beta$.

Parallel zur Ordinatenachse sind die Linien der halben Planumsbreiten im Auf- und Abtrage $\dfrac{B}{2}$ und $\dfrac{B_1}{2}$ zu zeichnen.

Empfehlenswert erscheint es, von O ausgehend auf den Koordinatenachsen in dem gewählten Maßstabe, der gleich dem Höhenmaßstabe des Längenschnittes oder ein Vielfaches davon sein kann, die Meterteilung einzuschreiben, um ein rasches schätzungsweises Ablesen der Flächenseiten und der Querschnittsflächen zu ermöglichen. Die für gleiche Planumsbreiten und Böschungsneigungen konstanten Zahlenwerte

$$h_0 = m \cdot \frac{B}{2} \,, \, F_0 = h_0 \cdot \frac{B}{2} \text{ für Auftrag,}$$

$$h_0' = m \cdot \frac{B_1}{2} \,, \, F_0' = h_0' \cdot \frac{B_1}{2} \text{ für Abtrag}$$

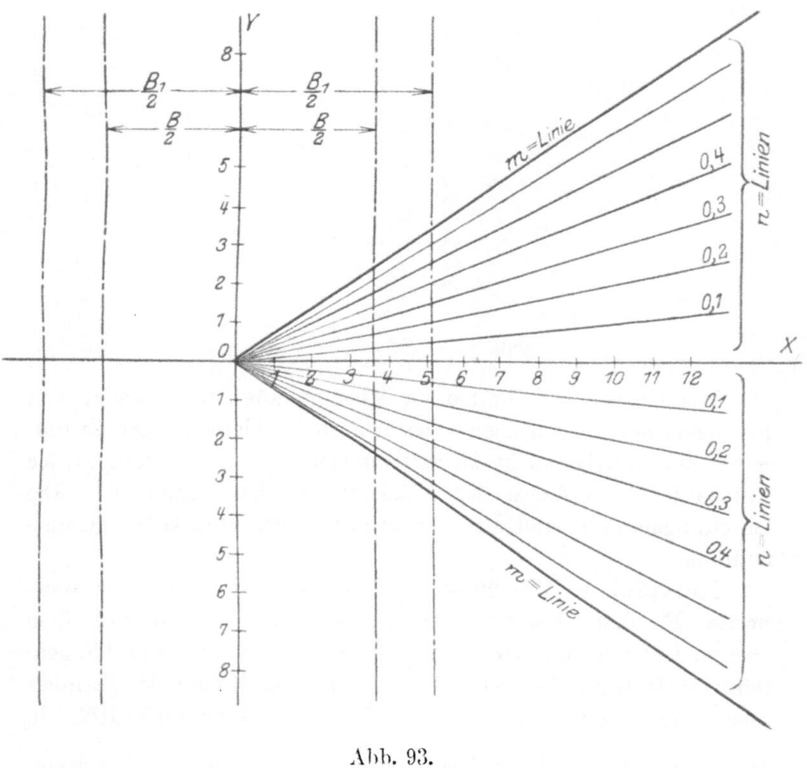

Abb. 93.

sind zweckmäßig neben den Maßstab zu schreiben, um sie für die jedesmalige Subtraktion zur Hand zu haben. Für geneigtes ebenes Gelände beträgt die Fläche des über oder unter dem Gelände liegenden Dreiecks nach Abb. 94 und 95

$$F_1 = m \cdot x_1 \cdot x_2,$$

die in dem Flächenmaßstabe als Rechteck mit den Seitenlängen x_1 und $m \cdot x_2$ erscheint, welche unmittelbar abgelesen werden können. Die Fläche des Auf- oder Abtrages ergibt sich dann mit

$$F = F_1 - F_0.$$

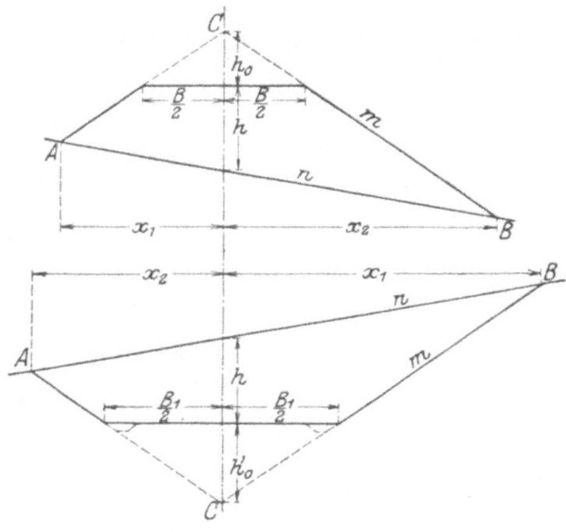

Abb. 94 u. 95.

Die Grabenquerschnitte im Abtrage können entweder von F_0 abgezogen werden oder unberücksichtigt bleiben. Die Grunderwerbsbreiten bei nicht zu steilem Gelände sind x_1 und x_2, sie sind auf der X-Achse des Flächenmaßstabes abzulesen. Die Böschungsbreiten sind aus den m-Linien des Maßstabes zu entnehmen.

Beispiel. In Abb. 96 ist für einen Auftrag mit der Planumsbreite B, dem Böschungsverhältnisse $m = 1 : 1{,}5$ auf dem ebenen Gelände mit der Neigung $n = 0{,}3$ die aus dem Längenschnitte (Höhenmaßstab $1 : 200$) entnommene Höhe h des Planums über dem Gelände in der Bahnachse. Die konstante Höhe h_0 ergibt sich aus dem Maßstabe in der $\frac{B}{2}$-Linie zwischen der Abszissenachse und der m-Linie. Faßt man mit dem Zirkel den dem Längenschnitte entnommenen h-Wert mit h_0 zusammen und trägt $h_1 = h + h_0$ anf dem Millimeter-Papiermaßstabe zuerst zwischen den oberen m- und n-Linien von A bis A' ein, so erhält man eine Seitenlänge $m \cdot x_2$ des Flächenrechteckes F_1 zwischen A und A'', sodann die Grunderwerbsbreite x_2 von O bis A'' und die Böschungsbreite von A bis S einerseits der Bahnachse. Trägt man dann h_1 zwischen der unteren m- und der oberen n-Linie, also von C bis C' in dem Millimeter-Papiermaßstab auf, so erhält man x_1 von O bis C'' als 2. Seitenlänge des Flächenrechteckes F_1, die Grunderwerbsbreite x_1 von O bis C'' und die Böschungsbreite von C bis S' auf der entgegengesetzten Seite der Bahnachse. Die Fläche

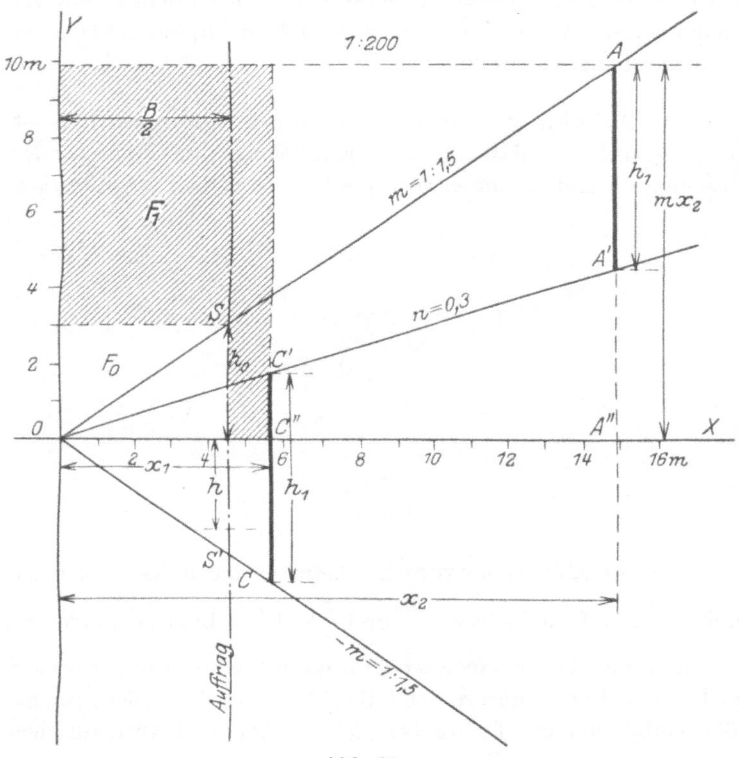

Abb. 96.

$$\text{Auftrag:}\quad h_0 = m\,\frac{B}{2}, \quad F_0 = h_0\,\frac{B}{2}.$$

$$\text{Abtrag:}\quad h_0' = m\,\frac{B_1}{2}, \quad F_0' = h_0'\,\frac{B_1}{2}.$$

des Rechteckes F_1 kann mit Berücksichtigung des für allgemeine Entwürfe erforderlichen kleinen Maßstabes durch Ablesung der beiden Seitenlängen mit Hilfe der in den Maßstab eingeschriebenen

Längenzahlen in abgerundeten Maßen und Multiplikation ohne
weitere Aufschreibung erhalten und nach Abzug der konstanten
Fläche F_0 in dem Maßstabe des Flächenplanes, der zumeist mit
1 mm = 2,5 bis 10 qm angenommen wird, eingetragen werden.
Das Rechteck F_1 selbst und die Linien h_1 werden in den Maßstab
nicht eingezeichnet, sondern nur die Punkte A A′ A″ und C C′ C″
mit Blei vermerkt. Diese Vermerke können nach dem Gebrauche
wieder gelöscht werden. In Abb. 96 sind F_1 und h_1 nur zur besseren
Verdeutlichung eingezeichnet.

Für Anschnitts- oder gemischte Querschnitte ist
der besprochene Maßstab zur Ermittlung der Flächen, der
Böschungs- und Grunderwerbsbreiten besonders zweckmäßig.

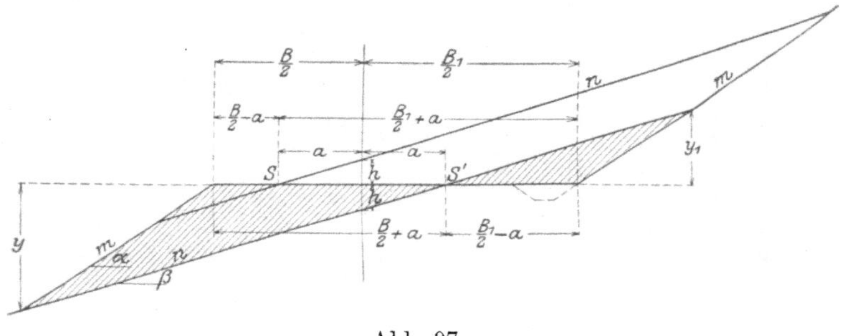

Abb. 97.

Wie aus Abb. 97 hervorgeht, betragen die halben Planums-
breiten für Auf- und Abtrag $\dfrac{B}{2}$ und $\dfrac{B_1}{2}$. Die n-Linie schneidet das
Planum im Abstande a rechts oder links der Bahnachse je nachdem
im Längenschnitte, also in der Bahnachse, eine Auf- oder Abtragshöhe vorhanden ist. Es ergeben sich die Auf- und Abtragsflächen
mit $\left(\dfrac{B}{2} \pm a\right)\dfrac{y}{2}$ und $\left(\dfrac{B_1}{2} \mp a\right)\dfrac{y_1}{2}$, wobei das obere Zeichen für den
Auftrag, das untere für den Abtrag gültig ist und y, y_1 die Dreiecks-
höhen für Auf- und Abtrag bezeichnen.

Der a-Wert wird durch Eintragen der dem Längenplane
entnommenen Höhe h zwischen der Abszissenachse und der
n-Linie des Maßstabes in der Abzsissenachse erhalten. Die dann
abzugreifenden Längen $\dfrac{B}{2} \pm a$ und $\dfrac{B_1}{2} \mp a$ sind wagerecht

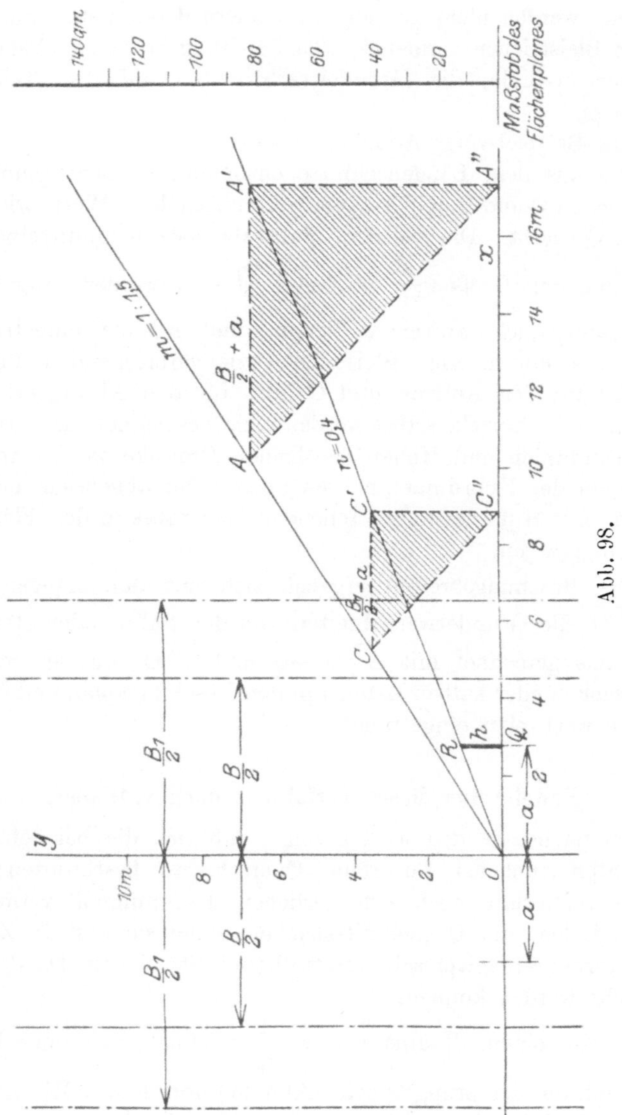

(Millimeterpapier) zwischen die m- und n-Linie einzutragen,
wobei die Querschnittsflächen als Dreiecke, deren Seitenlängen
in der X- und Y-Achse abzulesen sind, erhalten werden. Die

Dreiecke werden nicht gezeichnet, sondern deren Ecken nur mit kurzen Bleistrichen vermerkt. Die Böschungsbreiten sind sodann auf der m-Linie, die Grunderwerbsbreiten auf der X-Achse abzulesen.

Ein Beispiel zeigt Abb. 98.

Die aus dem Längenschnitte entnommene Auftragshöhe h ist zwischen Q und R eingetragen, woraus sich der a-Wert zwischen O und Q ergibt. Die aus dem Maßstabe sodann unmittelbar zu entnehmenden Größen $\frac{B}{2} + a$ und $\frac{B_1}{2} - a$ werden wagerecht (Millimeterpapier) zwischen die m- und n-Linie eingetragen, wobei die mit kurzen Bleistrichen zu vermerkenden Punkte A A' A'' für den Auftrag und C C' C'' für den Abtrag erhalten werden. Die Dreiecke selbst werden nicht gezeichnet. Die Längen der Grundlinien und Höhen der beiden Dreiecke werden in den Teilungen der Koordinatenachsen abgerundet abgelesen und die Flächen mit Hilfe des nebenstehenden Maßstabes in den Flächenplan eingetragen.

Die Böschungsbreiten ergeben sich mit den Längen $\overline{AO}$ und $\overline{CO}$, die Grunderwerbsbreiten von der Bahn- oder Straßenachse aus gerechnet mit $\overline{A''O} - a$ und $\overline{C''O} + a$; sie werden mit gleichen oder halben Längen in den Böschungsplan und in den Grunderwerbsplan eingetragen.

Erweiterung dieses Verfahrens nach v. Glaßer.

Im nachstehenden wird gezeigt, daß sich die bei dem vorgenannten zunächst für reine Querschnitte bestimmten Verfahren immerhin noch erforderlichen Rechnungen vermeiden lassen, indem die Querschnittsflächen, ohne sie erst in Zahlen umzusetzen, rein graphisch unmittelbar als Strecke zur Darstellung gebracht werden können.

1. Mit einem Radius $r = c \cdot \frac{1}{m}$ zeichnet man einen Kreis, der durch den Ursprung O geht (Abb. 99) und dessen Mittelpunkt auf der X-Achse liegt. Der Wert c gibt die Vergrößerung des r-Wertes an; c ist beliebig anzunehmen, jedoch so groß, daß $r = c \cdot \frac{1}{m}$ größer als $\frac{1}{2}\sqrt{2\,x_1\,x_2}$ wird (vgl. S. 104). x_1 und x_2 sind die mit Hilfe des vorgenannten Verfahrens gefundenen Grunderwerbsstreifenbreiten rechts und links der Kunstkörperachse, m bedeutet die Böschungsneigung.

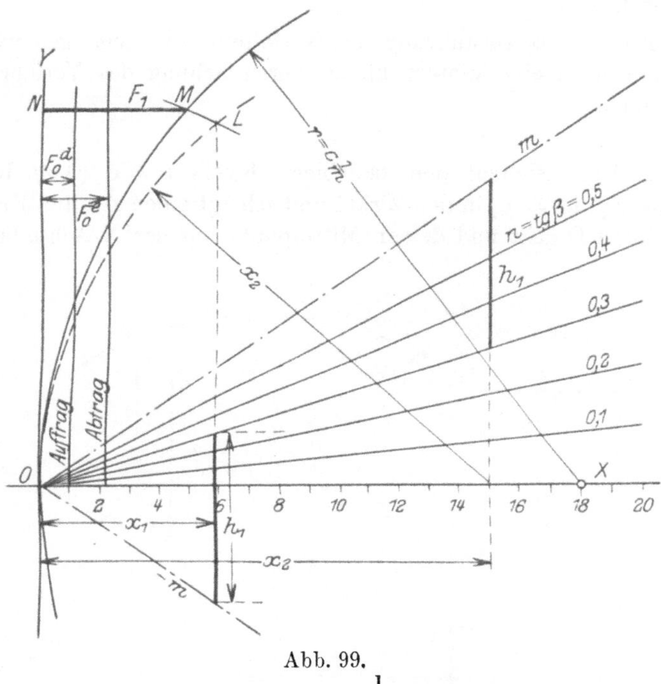

Abb. 99.

$$F_1 = x_1 \, x_2 \, m, \quad r = c \, \frac{1}{m} = 12 \cdot 1{,}5.$$

Mit x_2 als Radius schlägt man einen zweiten Kreis, dessen Mittelpunkt auf der X-Achse liegt und der durch O geht, er wird die Parallele zur Y-Achse im Abstande x_1 von O (Millimeterpapier) in L schneiden. Man schlägt um O mit $\overline{OL}$ als Radius einen dritten Kreis, der den ersten vom Radius $r = c \cdot \dfrac{1}{m}$ in M schneidet. Nur der erste Kreis braucht gezeichnet zu werden, an Stelle des zweiten und dritten Kreises genügen Abstiche mit dem Zirkel. Die Strecke $\overline{MN}$ stellt den Flächeninhalt $F_1 = x_1 \cdot x_2 \cdot m$ des zum Dreieck ergänzten Querschnittes in c-facher Verkleinerung dar. Nach Abzug der Fläche F_0 des Fehldreiecks ergibt sich der Flächeninhalt F des trapezoidischen Querschnitts.

Da hier fast ausschließlich der Zirkel Verwendung findet
und bei jeder Flächenbestimmung nur zwei Abstiche auszuführen
sind, so dürfte diese Flächenbestimmung die Resultate rasch und
sicher liefern.

Ehe zur Beweisführung des Verfahrens übergegangen wird,
ist hier noch eine weitere kleine Vereinfachung des Verfahrens
angegeben.

2. Man zeichnet den beliebigen Kreis $r = c$ (Abb. 100),
nimmt $x_2 \cdot m = y_2$ in den Zirkel und schlägt einen zweiten Kreis,
der durch O geht und dessen Mittelpunkt auf der X-Achse liegt.

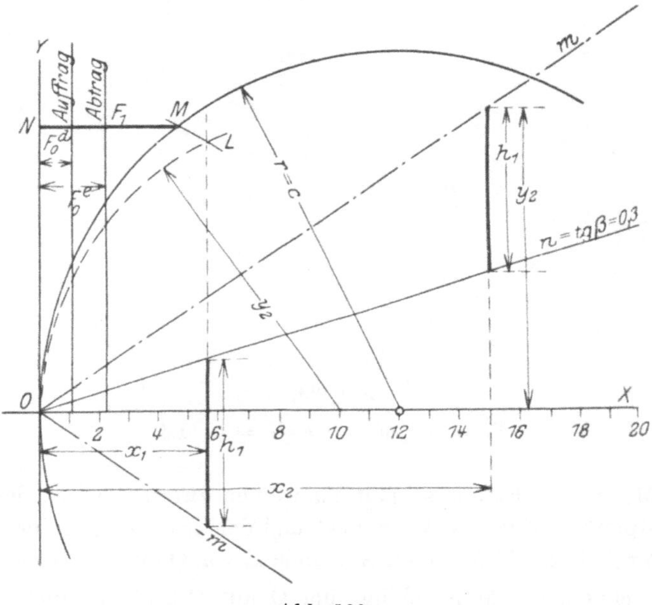

Abb. 100.

$$F_1 = y_2 x_1, \quad y_2 = m x_2, \quad r = c = 12.$$

Der Kreis schneidet die zur Y-Achse im Abstand x_1 liegende
Parallele (Millimeterpapier) in L. Man schlägt mit $\overline{O\,L}$ als Radius
um O einen dritten Kreis, der den ersten vom Radius $r = c$
in M schneidet. Die Strecke M N stellt wieder den Flächeninhalt
$F_1 = x_1 \cdot x_2 \cdot m$ des zum Dreieck ergänzten Querschnitts dar.

In der üblichen Weise erhält man nach Abzug des Fehldreiecks F_0 die Fläche $F = F_1 - F_0$ des trapezoidischen Querschnitts des Kunstkörpers.

An Stelle des zweiten und dritten Kreises sind auch hier nur Abstiche mit dem Zirkel erforderlich.

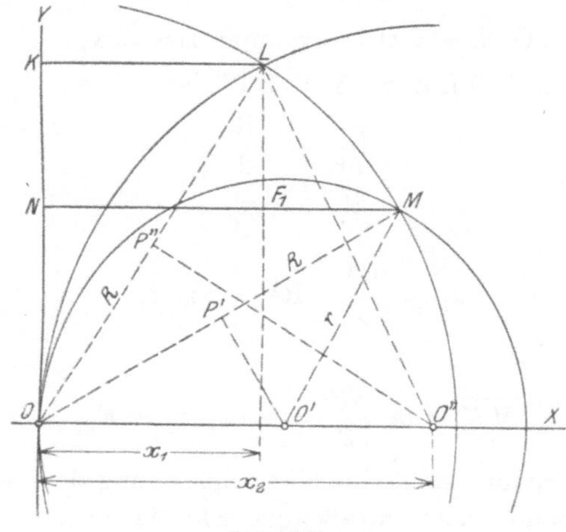

Abb. 101.

Beweisführung. Es ist (Abb. 101) $\overline{MN} \parallel$ zur X-Achse,

$$\overline{O'P'} \perp \overline{OM},$$

$$\overline{OM} = \overline{OL} = R$$

und

$$\overline{O'M} = r = \frac{1}{m} = \frac{1}{\operatorname{tg}\alpha},$$

dann folgt, da $\triangle\, OMN \sim O'MP'$ ist,

$$\frac{\overline{MN}}{\overline{OM}} = \frac{\overline{MP'}}{\overline{O'M}} \quad \text{oder} \quad \frac{\overline{MN}}{R} = \frac{\overline{MP'}}{r}.$$

Da die Sehne $\overline{OM}$ durch das Lot vom Mittelpunkt O' in P' halbiert wird, ist

$$\overline{MP'} = \frac{\overline{OM}}{2} = \frac{R}{2},$$

daher

$$\frac{\overline{MN}}{R} = \frac{R}{2\,r}$$

und

$$\overline{MN} = \frac{R^2}{2\,r} = \frac{m\,R^2}{2}\,.$$

Ist ferner $\overline{LK}\ \|$ zur X-Achse,

$$\overline{O''P''} \perp \overline{OL},$$

$$\overline{O''L} = \overline{OO''} = x_2 \text{ und } \overline{LK} = x_1,$$

dann folgt, da $\triangle\,O\,L\,K \sim \triangle\,O''\,L\,P''$ ist,

$$\frac{\overline{LK}}{R} = \frac{\dfrac{R}{2}}{x_2}$$

oder

$$x_1 = \frac{R^2}{2\,x_2},\ \ R^2 = 2\,x_1\,x_2,$$

somit auch

$$\overline{MN} = m\cdot\frac{R^2}{2} = m\cdot x_1\cdot x_2 = F_1\,.$$

Dieses Produkt stellt die Flächengleichung des zum Dreieck ergänzten Bahn- oder Straßenquerschnitts dar. (Vgl. auch Literatur, Allitsch.)

Wird $r = 1$ gesetzt und mit $y_2 = m\,x_2$ ein Kreis geschlagen, der den Ursprung in O berührt, wobei das y_2 aus Abb. 100 leicht zu entnehmen ist, so folgt

$$\overline{MN} = \frac{R^2}{2\,r} = \frac{R^2}{2}$$

und

$$\frac{\overline{LK}}{R} = \frac{R}{2\,y_2}$$

oder

$$\overline{LK} = x_1 = \frac{R^2}{2\,y_2},\ \ R^2 = 2\,y_2\cdot x_1,$$

daher

$$\overline{MN} = y_2\cdot x_1 = F_1\,.$$

Wird $R > 2\,r$ oder entstehen sehr flache Kreisschnitte so läßt sich die angegebene Konstruktion mit einem beliebigen Vielfachen von r durchführen, wie dies auch bei den Maßstäben Abb. 99 und 100 geschehen ist.

$$r = c \cdot \frac{1}{m} \quad (\text{Abb. 99, } c = 12)$$

oder
$$r = c \quad (\text{Abb. 100, } c = 12).$$

Es erscheint dann die Fläche F_1 in c-facher Verkleinerung.

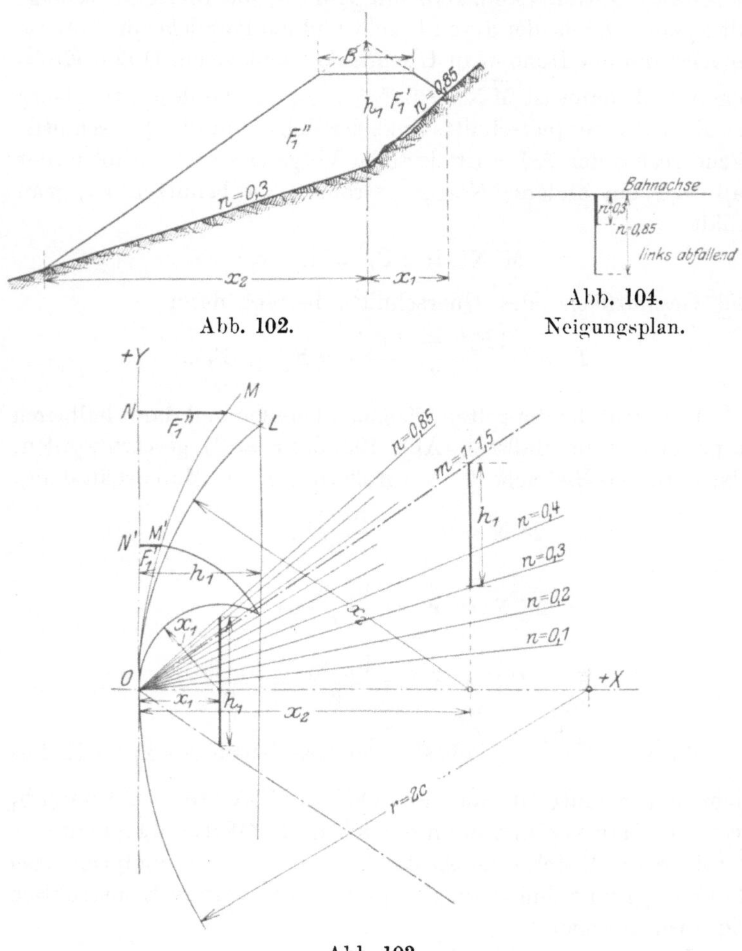

Abb. 102.

Abb. 104.
Neigungsplan.

Abb. 103.

Für Querschnitte, die eine stark gebrochene Geländelinie in der Bahn- oder Straßenachse haben, lassen sich die Quer
schnittsflächen wie folgt bestimmen.

Es ist in Abb. 102 die Fläche des zum Dreieck ergänzten Gesamtquerschnitts

$$F_1 = \frac{h_1 \cdot x_1}{2} + \frac{h_1 \cdot x_2}{2}.$$

Man ermittelt (Abb. 103) mit Hilfe h_1 die Breite x_2, schlägt mit x_2 einen Kreis, der durch O geht und die Parallele zur Y-Achse im Abstand der Höhe h_1 in L schneidet, schlägt um O den Kreisbogen L M, dann ist $\overline{MN} = 2\,F_1'' = h_1 \cdot x_2$ die doppelte Fläche des Kunstkörperquerschnitts links der Achse; für die Querschnittsfläche rechts der Achse ist derselbe Vorgang zu wiederholen, nur daß hier ein anderer Neigungsstrahl n zu benutzen ist, man erhält

$$\overline{M'N'} = 2\,F_1' = h_1 \cdot x_1.$$

Die Gesamtfläche des Querschnitts beträgt dann

$$F_1 = \frac{2\,F_1'' + 2\,F_1'}{2} = F_1'' + F_1'.$$

Um nicht die doppelten Flächen abgreifen und dann halbieren zu müssen, ist im Maßstab (Abb. 103) das $r = 2\,c$ gesetzt worden; c bedeutet das Vielfache der Vergrößerung von r. Man erhält dann:

$$\overline{M\,N} = F'' = \frac{h_1 \cdot x_2}{2},$$

$$\overline{M'\,N'} = F' = \frac{h_1 \cdot x_1}{2},$$

$$F_1 = F_1'' + F_1' = \frac{h_1 \cdot x_2}{2} + \frac{h_1 \cdot x_1}{2}.$$

Wird $x_1 < \dfrac{h_1}{2}$, so läßt sich der Kreisbogen mit x_1 als Radius nicht zum Schnitt mit der Parallelen zur Y-Achse im Abstand h_1 bringen. Man verfährt dann einfach in der Weise, daß man eine Parallele zur Y-Achse im Abstand x_1 mit einem Kreisbogen vom Radius h_1 zum Schnitt bringt und dann die weitere Konstruktion wie oben anwendet.

Es bleibt auch hier bestehen

$$F_1 = \frac{h_1 \cdot x_1}{2} + \frac{h_1 \cdot x_2}{2}.$$

Von F_1 ist noch die Fläche des Fehldreiecks abzuziehen, um die

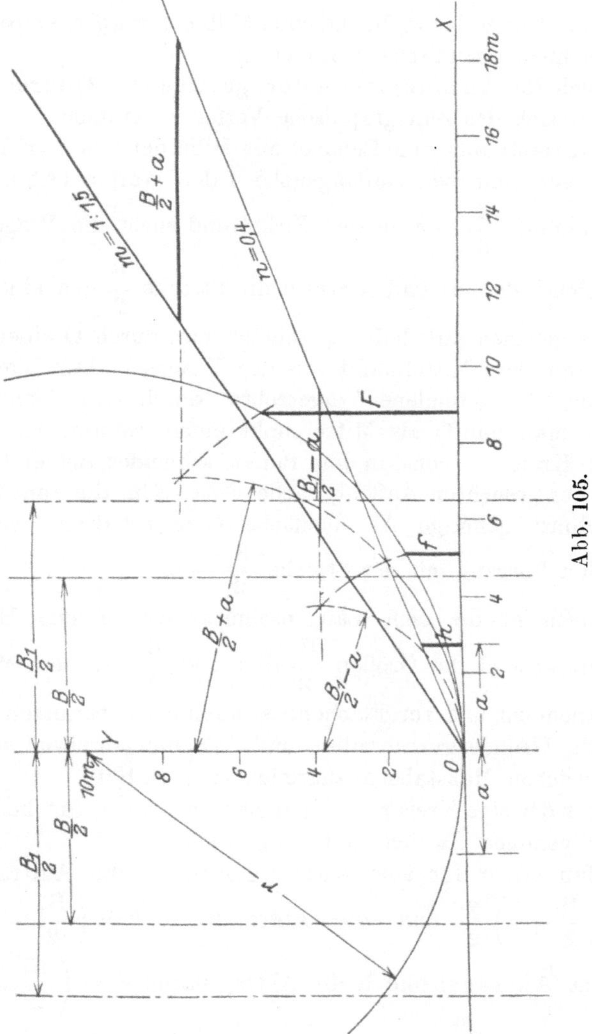

gesuchte trapezoidische Querschnittsfläche zu erhalten. Durch eine Parallele zur Y-Achse im Abstand $\frac{F_0}{2}$ wird die Subtraktion leicht vollzogen.

Der Kreis mit dem Radius r ist wiederum nur einmal zu zeichnen für alle übrigen Kreisbögen sind Abstiche mit dem Zirkel zu nehmen. Durch das zu benutzende Millimeterpapier erspart man das Zeichnen irgendwelcher Linien.

Auch für **Anschnitts-** oder **gemischte Querschnitte** gestaltet sich das rein graphische Verfahren einfach.

Man bestimmt zum Beispiel mit Hilfe der aus dem Längenschnitt entnommenen Auftragshöhe h den Wert a (Abb. 98 und 105), nimmt $\dfrac{B}{2} + a$ in den Zirkel und sucht die Wagerechte, auf welcher der m- und n-Strahl die Strecke $\dfrac{B}{2} + a$ einschließt.

Mit der gleichen Zirkelöffnung schlägt man durch O einen Kreisbogen mit dem Mittelpunkt auf der Y-Achse. Der Kreisbogen schneidet die gefundene Wagerechte; durch den Schnittpunkt schlägt man um O als Mittelpunkt einen zweiten Kreisbogen, der den Kreis r = const in dem Punkte schneidet, dessen Ordinate gleich der gesuchten Auftragsfläche F ist. Um die zum gleichen Querschnitt gehörige Abtragsfläche f zu erhalten, wiederholt man den Vorgang mit der Strecke $\dfrac{B_1}{2} - a$.

Erscheint die dem Längenschnitt entnommene Höhe im Abtrag, so sind die Größen $\dfrac{B_1}{2} + a$ und $\dfrac{B}{2} - a$ dem Maßstabe zu entnehmen und zur Flächenbestimmung zu benutzen.

Die Grunderwerbsbreiten und Böschungsbreiten sind aus dem gleichen Maßstabe abzugreifen (vgl. S. 100).

Nur der eine Kreis r = const ist zu zeichnen, für die anderen Kreise genügen Abstiche mit dem Zirkel.

Man erhält für eine **Auftragshöhe** h die **Auftragsfläche**
$$F = \left(\frac{B}{2} + a\right)\frac{y}{2} \quad \text{und} \quad \text{die Abtragsfläche} \quad f = \left(\frac{B_1}{2} - a\right)\frac{y_1}{2},$$
für eine **Abtragshöhe** h die **Abtragsfläche** $F = \left(\dfrac{B_1}{2} + a\right)\dfrac{y_1}{2}$
und die Auftragsfläche $f = \left(\dfrac{B}{2} - a\right)\dfrac{y}{2}$.

y und y_1 bedeuten die Abstände der zwischen den m- und n-Strahlen gefundenen Wagerechten von der X-Achse.

E. Verfahren für Einschnittsquerschnitte im Fels und darüber lagerndem Erdreich.

In der Regel werden tiefere Bahn- oder Straßeneinschnitte durch verschiedene Bodenschichten hindurchgehen. In gebirgigen Gegenden steht in gewissen Tiefen Fels an, über dem eine durch stete Verwitterung entstehende Humusschicht oder durch Gewässer gebildete Schicht von Sand, Ackererde, Torf, Kalktuff, Löß, Lehm usw. lagert.

Beim Einschnitt in Felsboden wird man einen anderen Querschnitt wählen als beim Einschnitt in Sand- oder Humusboden, da sich eine Böschungswand aus Fels als eine natürliche Mauer darstellt.

Die Trennung der beiden Schichten, Fels und loser Boden, muß man bei der Massenbestimmung vornehmen, einmal wegen der verschiedenen Auflockerung beim Abbau und der verschiedenen Abbau- und Transportkosten, anderenteils wegen der Verschiedenartigkeit der Querschnitte. Die Felsquerschnitte erhalten außer lotrechten seitlichen Begrenzungen in der Regel die Böschungsneigungen $1 : \frac{1}{2}$ bis $1 : \frac{1}{6}$, die Erdquerschnitte $1 : 1{,}5$ bis $1 : 1$, so daß ein Gesamtquerschnitt mit wechselnder Böschungsneigung entsteht. Zum Schutze des oberen Böschungsfußes legt man meistens vor diesem eine 0,60 bis 1,0 m breite Berme an, die gleichzeitig ein Begehen der Böschung zuläßt.

Die Mächtigkeit der über dem Fels lagernden Erdschichten wird nicht immer die gleiche sein. Zur Vereinfachung der Massenberechnung jedoch gibt man der überlagernden Schicht auf einzelnen Teilstrecken der Bahn oder Straße eine mittlere unveränderliche Höhe.

Es sollen hier zwei Verfahren vorgeführt werden, von denen zurzeit nur das erste von Allitsch (s. Literatur) veröffentlicht ist. Der Grunderwerb, der bei den hier behandelten Querschnitten wegen ihrer verhältnismäßig großen Tiefe recht groß werden kann, läßt sich nach beiden Verfahren ermitteln.

Welches der beiden Verfahren zur Benutzung gewählt wird, hängt zum großen Teil davon ab, welches Verfahren bei der Querschnittsbestimmung in ein und derselben Bodenart zur Verwendung kam. Das Verfahren von Allitsch wird man dann gern anwenden, wenn die auf S. 53 und S. 91 genannten Querschnittsbestimmungen vorausgegangen sind; das zweite Verfahren schließt sich an ein spezielles nicht an, es dürfte jedoch das einfachere sein, da die Hantierung mit der Winkelschablone, die beim ersten Verfahren zur Verwendung kommt, wegfällt und die Herstellung der notwendigen Maßstäbe ebenfalls nur geringe Mühe macht.

1. Verfahren nach Allitsch (s. Literatur).

In dem vorgelegten Querschnitt (Abb. 106) bedeutet:

$m_1 = \operatorname{tg} \alpha_1$ die Böschungsneigung bei Einschnitt im Fels,

$m = \operatorname{tg} \alpha$ die Böschungsneigung bei Einschnitt im Erdreich,

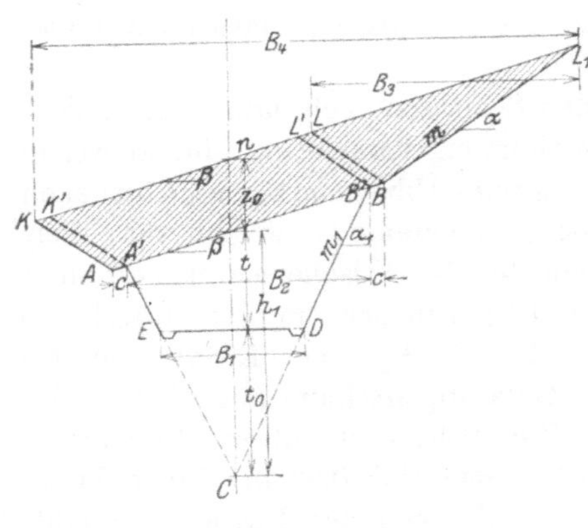

Abb. 106.

$z_0 = \text{const}$ die obere Einschnittstiefe des auf dem Fels lagernden Erdreichs,

$t_0 + t = h_1$ die Einschnittshöhe des zum Dreieck ergänzten Felsquerschnitts,

B_2 die größte horizontale Gesamtbreite des Kunstkörpers im unteren Gestein,

c die Horizontalbreite einer Berme,

$n = \operatorname{tg} \beta$ die Geländeneigung,

F die obere Einschnittsfläche $A\,B\,L_1\,K$,

F' die Fläche des Parallelogrammes $A'\,B'\,L'\,K'$,

F'' die Summe der beiden Parallelogrammflächen $A\,A'\,K'\,K$ und $B'\,B\,L\,L'$,

F''' die Dreiecksfläche $B\,L_1\,L$.

Es folgt für die Querschnittsfläche im Erdreich

$$F_e = F' + F'' + F'''$$

und für

$$F' = B_2 \cdot z_0$$
$$F'' = 2\,c \cdot z_0$$
$$F''' = \frac{1}{m\left(1 - \dfrac{n^2}{m^2}\right)} \cdot z_0{}^2 \quad (\text{vgl. S. 26}),$$

g₁
1mm = 3,13 qm
Q
F_f
Q₁
F_0
E'/2
F''/2
90°
O
M₁
M₂
M
g
Höhen 1:250
c : 1
z_0
t_0 + t = h₁
1/K'
m₁ : 2
n = 1,4
1,2
1,0
0,8
0,6
0,4
t_0 + t_n
n = 0,3
0,2
t_0
g₂
B_2

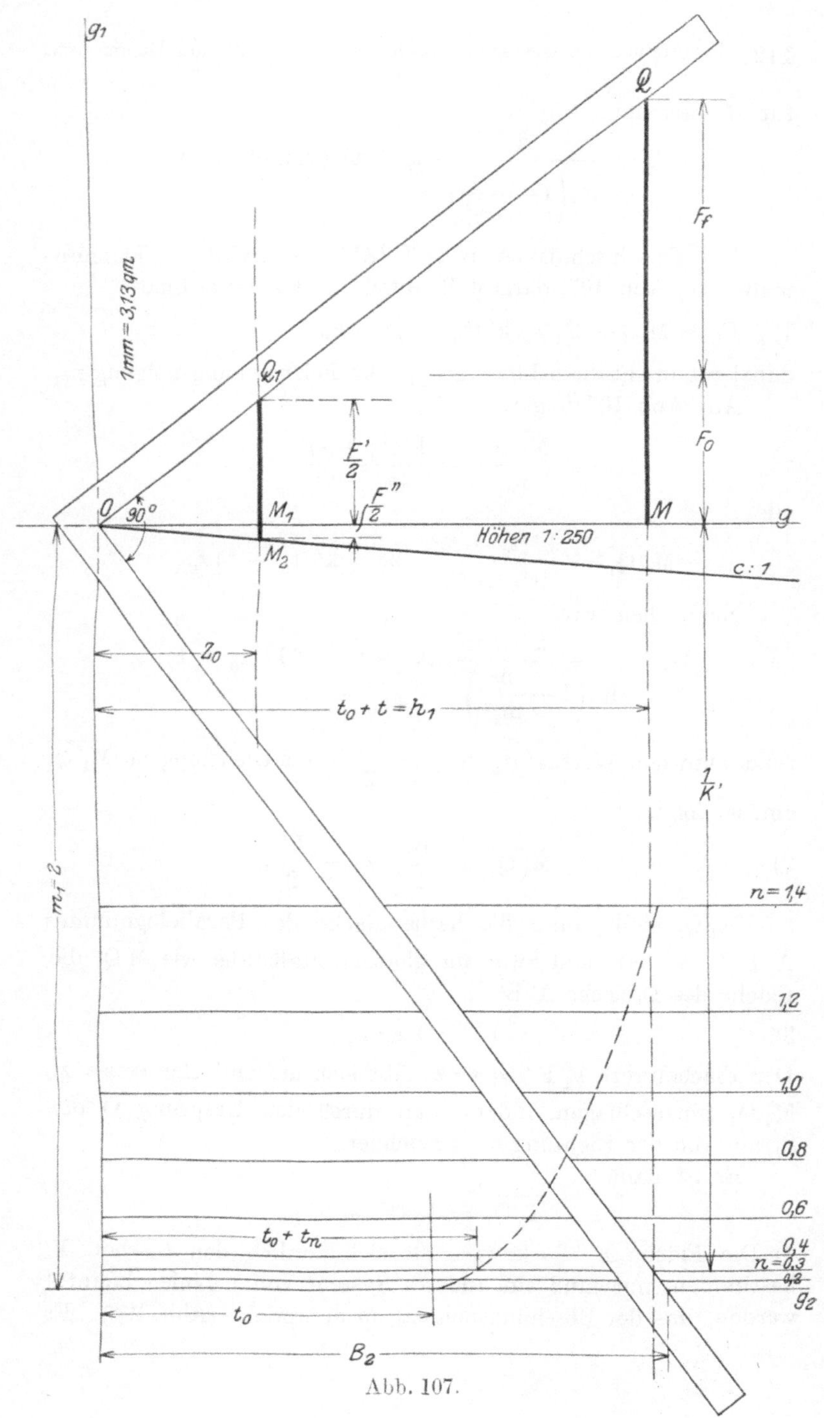

Abb. 107.

für B_2 besteht:

$$B_2 = \frac{2}{m_1\left(1 - \dfrac{n^2}{m_1{}^2}\right)} (t_0 + t) \text{ (vgl. ebenda)}.$$

Der Felseinschnitt $A' B' D E$ (Abb. 106) wird im Flächenmaßstabe, Abb. 107, dargestellt durch die Flächenordinate

1) $\quad F_f = \overline{M Q} - F_0 = k' (t_0 + t)^2 - F_0,$

dabei entspricht die n-Liniengruppe der Felsböschungsneigung m_1.

Aus Abb. 107 folgt:

$$\frac{\overline{M_1 Q_1}}{z_0} = \frac{k' (t_0 + t)^2}{(t_0 + t)}$$

oder

$$\overline{M_1 Q_1} = \frac{k' (t_0 + t)^2}{(t_0 + t)} \cdot z_0 = k' (t_0 + t) z_0.$$

Nach oben war

$$B_2 = \frac{2}{m_1\left(1 - \dfrac{n^2}{m_1{}^2}\right)} (t_0 + t) = 2 k' (t_0 + t);$$

setzt man den Wert $k' (t_0 + t) = \dfrac{B_2}{2}$ in die Gleichung für $\overline{M_1 Q_1}$ ein, so folgt

2) $\qquad\qquad \overline{M_1 Q_1} = \dfrac{B_2}{2} \cdot z_0 = \dfrac{F'}{2},$

$\overline{M_1 Q_1}$ stellt somit die halbe Fläche des Parallelogrammes $A' B' L' K'$ dar, und zwar im gleichen Maßstabe wie $\overline{M Q}$, die Fläche des Dreiecks $A' B' C,$

3) $\qquad\qquad\qquad F'' = 2 c \cdot z_0.$

Der Flächenwert $\frac{1}{2} F'' = c \cdot z_0$ läßt sich auf einfache Weise zu $\overline{M_1 Q_1}$ hinzuschlagen, indem man durch den Ursprung O den Strahl von der Richtung $c : 1$ zeichnet.

Es ist dann

$$\overline{M_2 Q_1} = \tfrac{1}{2} (F' + F'').$$

4) Die Fläche $F''' = k \cdot z_0{}^2$ läßt sich ähnlich den Flächen F' bestimmen, nur muß ein anderes System von n-Linien benutzt werden, das der Böschungsneigung m entspricht (Abb. 108). Es

kommt hier also der auf S. 54 angegebene Maßstab unmittelbar zur Verwendung.

Es dürfte sich zur guten Übersicht empfehlen, das System dieser n-Linien nicht im selben Maßstabe einzuzeichnen, sondern

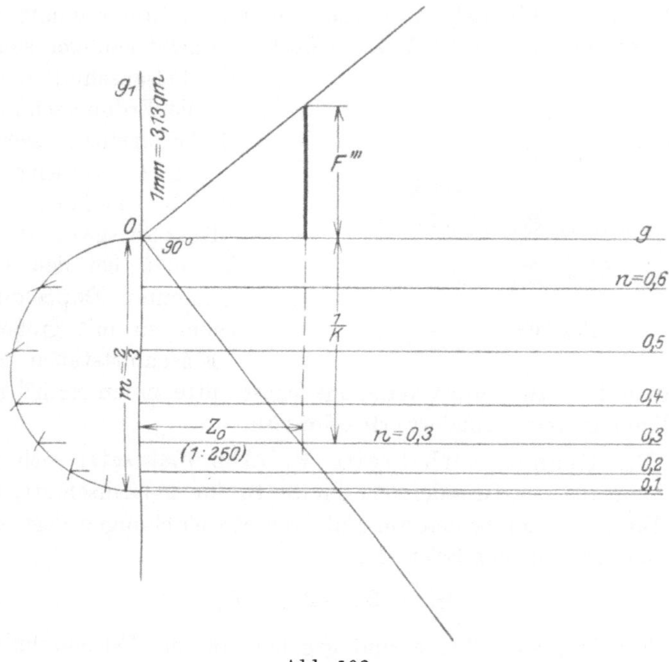

Abb. 108.

zwei getrennte Maßstäbe anzulegen. Bei dem einen entspricht die n-Linien-Gruppe der Böschungsneigung m_1, bei dem anderen der Böschungsneigung m (Abb. 107 u. 108).

Die Addition der Flächen im Flächenplane geschieht in der Weise, daß man unmittelbar über der Achse die Flächenordinaten des Felseinschnittes $(F_f - F_0)$ aufträgt, alsdann zu diesen die Erdeinschnittsordinaten $(F_e = F' + F'' + F''')$ addiert.

Markiert man die Grenzwerte $t_0 + t_n = t_0 + \dfrac{B \cdot n}{2}$ auf den n-Linien des Felsbodens, so erhält man die Grenzkurve für die reinen Querschnitte. Ist $t_0 + t$ kleiner als der jeweilige Grenzwert

$t_0 + t_n$, so liegt der Felsquerschnitt im Anschnitt. Es setzt dann für die obere Bodenart mit der Böschung m die Querschnittsbestimmung im normalen Einschnitt ein.

Etwas Felsanschnitt ist noch bis zur Höhe $t_n = n \cdot \dfrac{B}{2}$ zu bestimmen (Abb. 109) und von dem reinen Erdeinschnitt abzuziehen, falls es bei der Massenberechnung nicht genügen sollte, die Felsanschnittsfläche in die Erdquerschnittsfläche mit einzubeziehen.

Die Grunderwerbsbreiten und Böschungsbreiten. Da man bei den vorgenannten Doppelquerschnitten mit größeren Einschnittstiefen zu

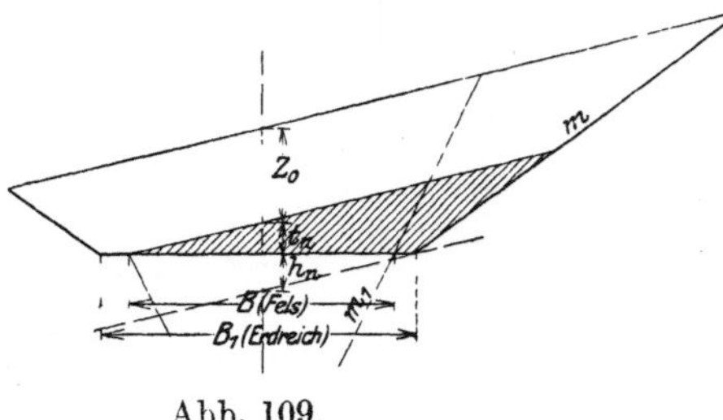

Abb. 109.

rechnen hat, so werden derartige Einschnitte einen verhältnismäßigen großen Grunderwerb erfordern.

Die **Grunderwerbsbreite** B_4 (Abb. 106) setzt sich zusammen aus der Grunderwerbsbreite B_2 für Felseinschnitt, aus der Breite 2 c der beiden am Fuße der Erdböschungen liegenden Bermen und aus der Breite B_3.

$$B_4 = B_2 + 2\,c + B_3.$$

Die Bermenbreiten c sind gegeben, für die Felseinschnittsbreite besteht

$$B_2 = \frac{2}{m_1\left(1 - \dfrac{n^2}{m_1{}^2}\right)} \cdot (t_0 + t) = 2\,k' \cdot h_1.$$

Es ergibt sich B_2 in Abb. 107 auf einer Parallelen g_2 im Abstand 2 von g. In der Abb. 107 fällt die Gerade g_2 mit der Querneigungsgeraden $n = 0$ zusammen.

Die Breite B_3 läßt sich ebenfalls leicht ermitteln, wenn man das Dreieck L B L_1 (Abb. 106) als einen zum Dreieck ergänzten Querschnitt mit der Böschungsneigung m und der Einschnittstiefe z_0 auffaßt. Man zieht (Abb. 110) wiederum im Abstand 2 von g eine Parallele g_2, der untere Winkelschenkel der Schablone schneidet auf g_2 die Breite B_3 ab.

$$B_3 = \frac{2}{m\left(1 - \dfrac{n^2}{m^2}\right)}\, z_0 = 2\,k \cdot z_0\,.$$

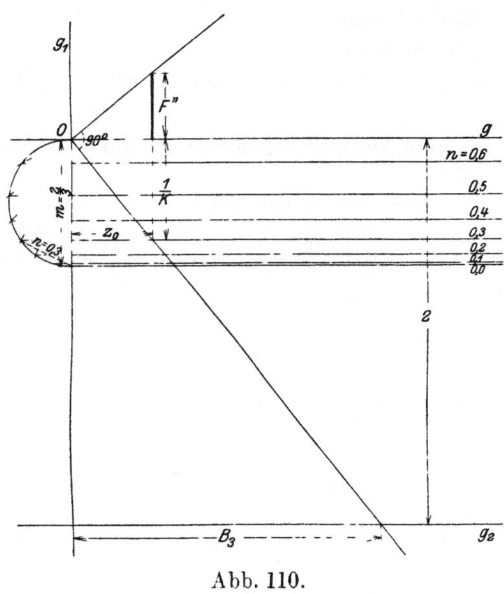

Abb. 110.

Die Addition $B_2 + 2\,c + B_3$ ergibt die Gesamtgrunderwerbs-
breite B_4.

Für die Böschungsbreiten kommen nur die oberen in
Betracht, da nur für die Erdböschungsflächen eine Befestigung
oder eine Bepflanzung vorzusehen ist.

Die Böschungsbreiten sind in Abb.
106 $\overline{AK}$ und $\overline{BL_1}$. Bedeutet l ihre Summe,
ist also $l = \overline{AK} + \overline{BL_1}$, so findet sich
l aus

$$l = B_3 \sqrt{1 + m^2}\,.$$

Graphisch erhält man die Summe
der Breiten mit Hilfe der Geraden s von der Richtung
$\sqrt{1 + m^2}$ (Abb. 111).

Abb. 111.

8*

2. Verfahren nach v. Glaßer.

Es bedeutet (Abb. 112):

$m_1 = \operatorname{tg}\alpha_1$ die Böschungsneigung bei Einschnitt im Fels,
$m = \operatorname{tg}\alpha$ die Böschungsneigung bei Einschnitt im Erdreich,
$n = \operatorname{tg}\beta$ die Geländeneigung,
c die horizontale Breite einer Berme,
$z_0 = \text{const.}$ die obere Einschnittstiefe des auf dem Fels lagernden Erdreichs,
h_1 die Höhe des zum Dreieck ergänzten Felsquerschnittes,

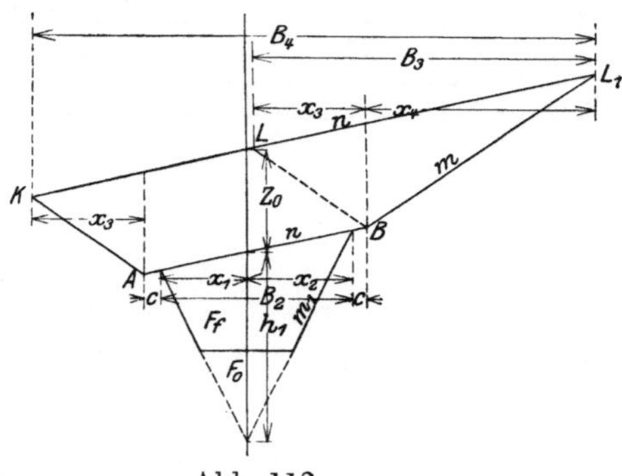

Abb. 112.

F_f die untere Einschnittsfläche (im Fels),
F_e die obere Einschnittsfläche (im Erdreich),
F' die Fläche des Dreiecks $L\,B\,L_1$,
F'' die Fläche des Parallelogrammes $A\,B\,L\,K$,
$F_0 - 2\,G$ die Fläche des Fehldreiecks, vermindert um 2 Grabenflächen,
B_2 die horizontale Gesamtbreite des Kunstkörpers im unteren Gestein,
B_3 die horizontale Breite des Dreiecks $L\,B\,L_1$,
h_1 die Einschnittshöhe des zum Dreieck ergänzten Felsquerschnitts.

Die Querschnittsfläche des Felseinschnitts beträgt

$$F_f = \frac{B_2 \cdot h_1}{2} - F_0 + 2\,G,$$

desgleichen folgt für die Querschnittsfläche des Erdeinschnitts

Y
X
P
r = const.
h₁
1:250
B₂
B₂
L
2
t₀
tₙ
Flächen 1mm = 3,125 qm
N
M
F₀
Ff
für n=1,8
n=1,6
n=1,4
n=1,2
1,0
0,9
0,8
0,7
0,6
0,5
0,4
0,3
0,2
B
A
m₁=2
Grenze des reinen Einschnitts
n=0,8

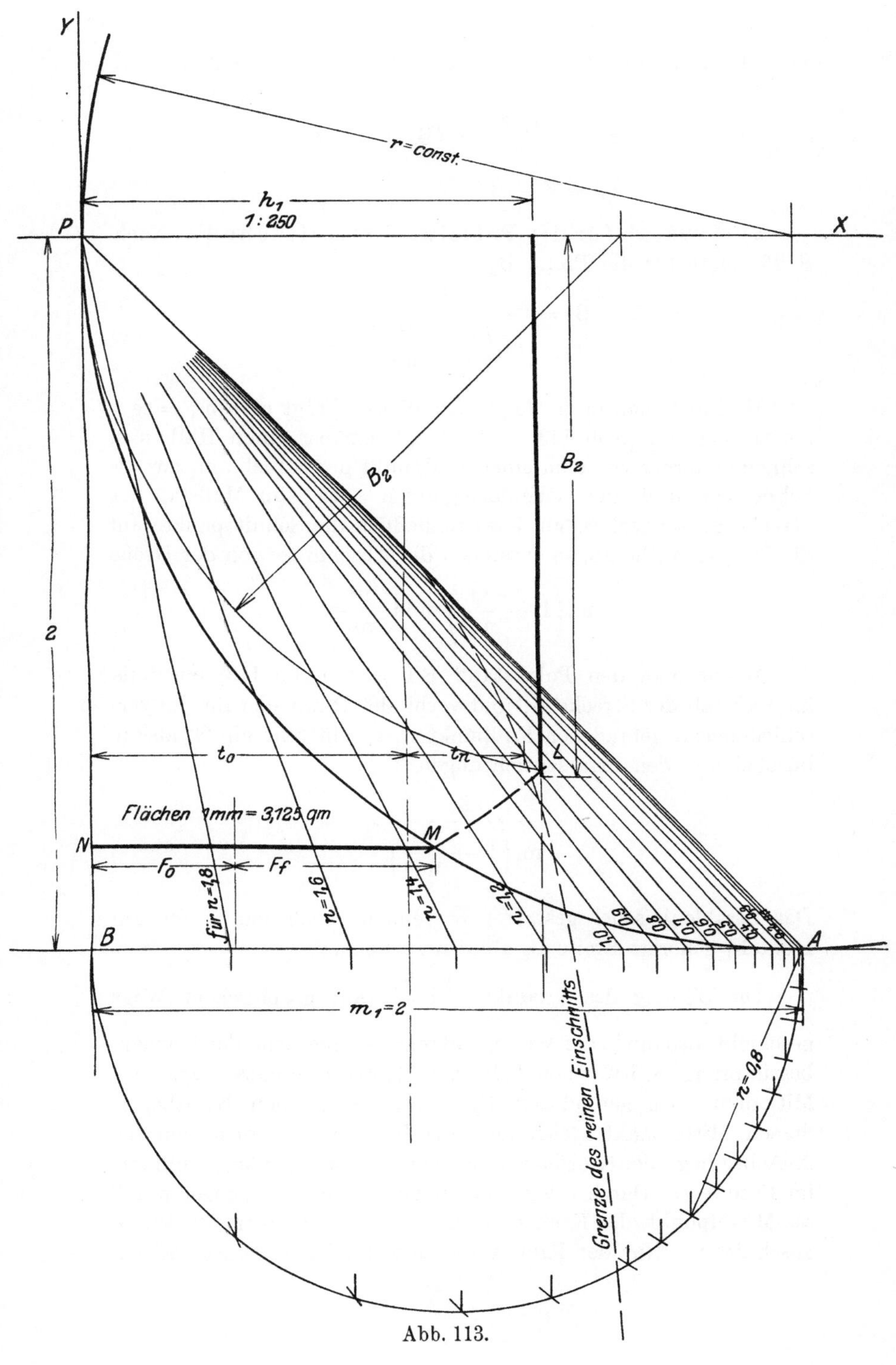

Abb. 113.

$$F_e = \frac{B_3 \cdot z_0}{2} + (B_2 + 2\,c)\,z_0$$

$$F_e = F' + F''$$

a) **Maßstab für die Felseinschnittsfläche** F_f. Nach S. 26 folgte für die Breite B_2

$$B_2 = \frac{2}{m_1\left(1 - \dfrac{n^2}{m_1{}^2}\right)}\,h_1\,.$$

B_2 findet man in der folgenden Weise: Trägt man $m_1 = \operatorname{tg}\alpha$ als Strecke auf (Abb. 113) und schlägt darüber einen Halbkreis, schneidet ferner von dem einen Endpunkt der Strecke m_1 aus als Sehne die Größe der Geländeneigung $n = \operatorname{tg}\beta$ im Maßstab der Strecke m_1 ab (vgl. S. 30), lotet schließlich die Schnittpunkte auf die Strecke m_1 herab, so entstehen die Abschnitte von der Größe

$$m_1\left(1 - \frac{n^2}{m_1{}^2}\right) \quad \text{und} \quad \frac{n^2}{m_1}\,.$$

Macht man den Polabstand $\overline{B\,P} = 2$ (Abb. 113) ebenfalls im Maßstab der Strecke m_1 und verbindet P mit den für die verschiedenen n gefundenen Fußpunkten, so entsteht ein Strahlenbüschel mit den Strahlenrichtungen

$$\frac{2}{m_1\left(1 - \dfrac{n^2}{m_1{}^2}\right)}\,.$$

Das Strahlenbüschel gestattet bei einem gegebenen n, die zur Höhe h_1 gehörige Breite B_2 ablesen zu können.

Die Bildung des Produkts $\dfrac{B_2 \cdot h_1}{2}$ auf graphischem Wege geschieht alsdann in der Weise, daß man entsprechend der Flächenbestimmung S. 102 einen beliebigen Kreis $r = \text{const.}$ zeichnet. Mit dem oben gefundenen B_2 schlägt man einen Kreisbogen, dessen Mittelpunkt gleich dem des Kreises $r = \text{const.}$ auf der X-Achse liegt, der Kreisbogen schneidet die zu h_1 gehörige Ordinate im Punkte L. Durch L legt man einen zweiten Kreisbogen mit P als Mittelpunkt, der Kreis $r = \text{const.}$ wird alsdann im Punkte M geschnitten. Nur der Kreis $r = \text{const.}$ muß gezeichnet werden,

für die übrigen Kreisbogen genügen Abstiche mit dem Zirkel.
Die zur Y-Achse senkrechte Strecke $\overline{M\,N}$ stellt die Fläche des

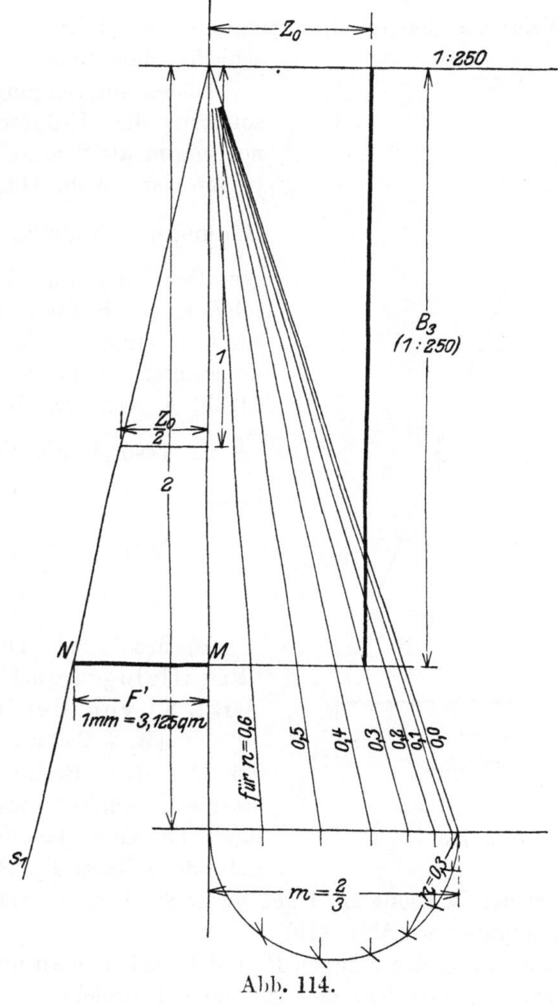

Abb. 114.

zum Dreieck ergänzten Felsquerschnitts dar. Nach Subtraktion
der Fehldreiecksfläche ergibt sich die Felseinschnittsfläche

$$F_f = \frac{B_2 \cdot h_1}{2} - F_0 \, .$$

b) **Maßstab für die Fläche des Dreiecks LBL_1** von der Größe $\dfrac{B_3 \cdot z_0}{2}$. Man stellt diesen Maßstab in der gleichen Weise wie den unter a) genannten her mit dem Unterschiede, daß hier nicht die Felsböschungsneigung m_1, sondern die Erdböschungsneigung m als Strecke aufzutragen ist, Abb. 114. Die Bildung des Produkts $\dfrac{B_3 \cdot z_0}{2}$ gestaltet sich für die verschiedenen Breiten B_3 besonders einfach, da z_0 ein konstanter Wert ist. Der Strahl s_1 von der Richtung $\dfrac{z_0}{2} : 1$ besorgt die Multiplikation.

$$\overline{MN} = \frac{B_3 \cdot z_0}{2}$$

$$= \text{Fläche } F'.$$

c) **Maßstab für die Parallelogrammfläche $ABLK$ von der Größe** $(B_2 + 2c)\, z_0$. Zu $2c$ ($=$ Breite zweier Bermen) addiert man auf einer Geraden die unter a) gefundene Breite B_2. Alsdann liefert ein in der Richtung $z_0 : 1$ gezogener Strahl s_2 die Fläche F'' des Parallelogrammes (Abb. 115).

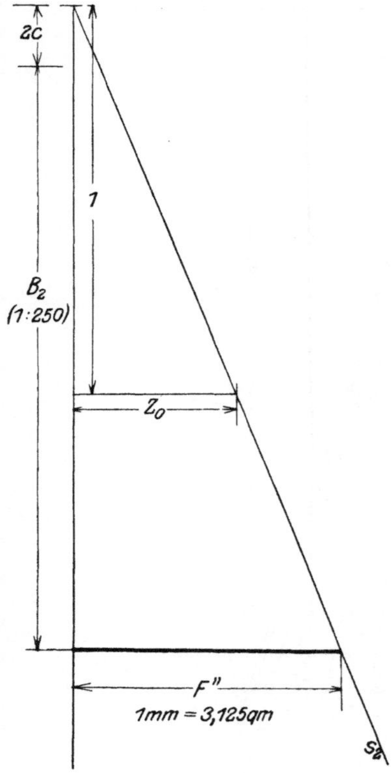

Durch Addition der Flächen F' und F'' erhält man die Querschnittsfläche des über dem Fels lagernden Erdreichs

$$F_e = F' + F''.$$

Die Parallelen zur Y-Achse im Abstand der Grenzwerte $t_n = \dfrac{B \cdot n}{2}$ im Maßstab a) für Felsboden ergeben die in Abb. 113

Abb. 115.

punktierte Grenzkurve. Der Felsquerschnitt befindet sich im Anschnitt für alle h_1 kleiner als der markierte Grenzwert t_n, der auf dem der Querneigung entsprechenden n-Strahl liegt. Vgl. hierzu S. 114.

Die Grunderwerbsbreiten. Nach Abb. 112 setzt sich die gesamte Grunderwerbsbreite B_4 zusammen aus

$$B_2 + 2\,c + B_3.$$

Alle diese Einzelbreiten sind bereits bei der Flächenbestimmung zur Verwendung gelangt, ihre Addition ist im Grunderwerbsbreitenplan ohne Mühe zu bewerkstelligen.

Müssen die Ländereien rechts und links der Bahn- oder Straßenachse verschieden bewertet werden, so läßt sich das Verfahren auf S. 96 zur Anwendung bringen. Man bestimmt nach diesem Verfahren zunächst für Felseinschnitt die Breiten x_1 und x_2, Abb. 112,

$$x_1 + x_2 = B_2,$$

alsdann die Breiten x_3 und x_4,

$$x_3 + x_4 = B_3.$$

Es ergibt dann

$$x_1 + x_3 + c$$

die Grunderwerbsstreifenbreite links der Achse,

$$x_2 + x_4 + c$$

die Grunderwerbsstreifenbreite rechts der Achse; c bedeutet hierin die horizontale Breite einer Berme.

Die Böschungsbreiten bestimmen sich genau in derselben Weise wie im Verfahren 1 S. 115.

Literaturnachweis.

Culmann, Graphische Statik. 2. Aufl. Zürich 1875.

Winkler, Vorträge über Eisenbahnbau. 1877. 3. Aufl., Heft V. Prag. Der Unterbau.

Göring, Zentralblatt der Bauverwaltung 1881, S. 83. Massenermittlung, Massenverteilung und Transportkosten.

v. Lichtenfels, Berechnung von Einschnitts- und Damminhalten aus dem Längenschnitte. Organ für Fortschritte des Eisenbahnwesens 1895, S. 75.

Wagner, Graphische Ermittlung der Grunderwerbsflächen, Erdmassen und Böschungsflächen von Eisenbahnen und Straßen. Stuttgart 1900.

Coulmas, Die Ermittlung von Querschnittsinhalten von Bahnkörpern. Zentralblatt der Bauverwaltung 1900, S. 89.

Selle, Ein Erdmassenmaßstab. Zentralblatt der Bauverwaltung 1900. S. 202.

Puller, Ermittlung der Querschnittsinhalte bei Bahnkörpern. Zentralblatt der Bauverwaltung 1900, S. 403.

Hess, Zur graphischen Massenbestimmung von Erdkörpern. Österreichische Wochenschrift für den öffentlichen Baudienst 1903, Heft 35.

Allitsch, Ein neues Verfahren zur Ermittlung der Querschnittsflächen der Kunstkörper im Eisenbahn- und im Straßenbau. Wien 1903.

Schönhöfer, Genaue zeichnerische Ermittlung des Flächenprofils und des Grunderwerbs. Zeitschrift des österr. Ing.- und Arch.-Vereins 1903, Heft 9.

Coulmas, Beitrag zur Bestimmung von Querschnittsinhalten von Bahnkörpern. Zentralblatt der Bauverwaltung 1903, S. 249.

Allitsch, Beitrag zur Konstruktion des Flächenprofils bei Trassierung von Verkehrswegen mit trapezoidischem Querprofile des Kunstkörpers. Österr. Wochenschrift für den öffentlichen Baudienst 1905, S. 661.

— Zur Ermittlung von Flächenprofil, Grunderwerb und Böschungsausmaß. Zentralblatt der Bauverwaltung 1906, S. 118.

— Zur Herstellung des Flächenprofils auf zeichnerischem Wege. Zentralblatt der Bauverwaltung 1907, S. 217.

Göring, Massenermittlung, Massenverteilung und Transportkosten der Erdarbeiten. 5. Auflage. Berlin 1907.

Dolezalek, Vorträge über Erdbau an der Technischen Hochschule Berlin.

Allitsch, Vom Trassieren mittels der Anschnittslinie. Rundschau für Technik und Wirtschaft 1908, S. 8.

— Zur Konstruktion des Flächenprofils bei Trassierungen. Österr. Wochenschrift für den öffentlichen Baudienst 1908, S. 397.

Allitsch, Die Erdbewegung bei Ingenieurarbeiten unter besonderer Berücksichtigung der ausführlichen Vorarbeiten sowie der Abrechnung für Trassierung von Straßen, Eisenbahnen und anderen Verkehrswegen. Innsbruck 1908.

Dippel, Beitrag zur zeichnerischen Flächen- und Massenermittlung von Dammkörpern. Zentralblatt der Bauverwaltung 1909, S. 195.

Kolb, Zur zeichnerischen Ermittlung der Erdmassen. Zentralblatt der Bauverwaltung 1913, S. 416.